普通高等教育"十三五"规划教材

普通高等院校化学精品教材

武汉纺织大学学术著作出版基金资助出版

# 有机化学实验

| | | | | |
|---|---|---|---|---|
| **主　编** | 琚海燕 | 薛志勇 | 哈伍族 |
| **副主编** | 刘秀英 | 高　超 | 张艳波 |
| **编　委** | 李　明 | 彭俊军 | 倪丽杰 |
| | 杨永生 | 李卫东 | 郭名霞 |
| **主　审** | 李　伟 | 吕少仿 |

华中科技大学出版社
http://www.hustp.com
中国·武汉

# 内 容 提 要

本书主要是为了适应高等工科院校化学化工及近化学类专业人才培养的需要而编写的。全书主要包括有机化学实验的基本知识、有机化学实验的基本操作、有机化合物的制备、有机化合物的性质测定与结构分析、有机化学实验习题和答案(网络资源)、附录等。

本书既可作为高等院校化学、化工、生物、环境、材料和医学等本科相关专业的有机化学实验课程的教材,又可以作为考研复习参考书。

**图书在版编目(CIP)数据**

有机化学实验/琚海燕,薛志勇,哈伍族主编. —武汉:华中科技大学出版社,2020.1
ISBN 978-7-5680-5946-6

Ⅰ.①有… Ⅱ.①琚… ②薛… ③哈… Ⅲ.①有机化学-化学实验-高等学校-教材 Ⅳ.①O62-33

中国版本图书馆 CIP 数据核字(2019)第 299803 号

**有机化学实验**
Youji Huaxue Shiyan

琚海燕　薛志勇　哈伍族　主编

策划编辑:王汉江
责任编辑:王汉江
封面设计:刘　婷
责任监印:徐　露
出版发行:华中科技大学出版社(中国·武汉)　　电话:(027)81321913
　　　　　武汉市东湖新技术开发区华工科技园　　邮编:430223
录　　排:武汉市洪山区佳年华文印部
印　　刷:武汉科源印刷设计有限公司
开　　本:787mm×1092mm　1/16
印　　张:12.5
字　　数:423千字(含网络资源98千字)
版　　次:2020 年 1 月第 1 版第 1 次印刷
定　　价:38.00 元

本书若有印装质量问题,请向出版社营销中心调换
全国免费服务热线:400-6679-118　竭诚为您服务
版权所有　侵权必究

# 线上作业及资源网的使用说明

建议学员在 PC 端完成注册、登录、完善个人信息及验证学习码的操作。

**一、PC 端学员学习码验证操作步骤**

1. 登录

(1) 登录网址 http://dzdq. hustp. com，完成注册后点击登录。输入账号、密码(学员自设)后，提示登录成功。

(2) 完善个人信息(姓名、学号、班级、学院、任课老师等信息请如实填写，因线上作业计入平时成绩)，将个人信息补充完整后，点击保存即可完成注册登录。

2. 学习码验证

(1) 刮开《有机化学实验》封底所附学习码的防伪涂层，可以看到一串学习码。

(2) 在个人中心页点击"学习码验证"，输入学习码，点击提交，即可验证成功。点击"学习码验证"→"已激活学习码"，即可查看刚才激活的课程学习码。

3. 查看课程

点击"我的资源"→"我的课程"，即可看到新激活的课程，点击课程，进入课程详情页。

4. 在线习题

点开"进入学习"按钮即可查看相关资源，进入习题页，选择具体章节开始做题。做完之后点击"我要交卷"按钮，随后学员即可看到本次答题的分数统计(主观题不计分)。

**二、手机端学员扫码操作步骤**

(1) 手机扫描二维码，提示登录;新用户先注册，然后再登录。

(2) 登录之后，按页面要求完善个人信息。

(3) 按要求输入《有机化学实验》封底的学习码。

(4) 学习码验证成功后，即可扫码看到对应的习题。

(5) 习题答题完毕后提交，即可看到本次答题的分数统计。


任课老师可根据学员线上作业情况给出平时成绩。

若在操作上遇到什么问题可咨询陈老师(QQ:514009164)和王老师(QQ:14458270)。

# 前　言

　　在当前信息化时代,新知识层出不穷,知识更新周期不断缩短,我国高等工科教育为顺应发展潮流,诸多专业的基础课和专业课学时不得不被压缩。作为工科院校化学和近化学类学科专业基础课,有机化学实验是有机化学教学实践与科研创新的重要环节之一,在实验学时减少的情况下,有机化学实验课程理应在教学理念、教学内容和教学方法等方面做相应调整。为此,根据《教育部高等教育司关于开展新工科研究与实践的通知》的文件精神,结合武汉纺织大学有机化学课题组多年的教学实践和教学改革的经验和成果,特组织编写了《有机化学实验》一书。

　　本书以实验安全、精练实用和绿色环保为原则,以培养学生"提出—分析—解决"问题的技能、"设计—推理—创新"的能力及"理论—实践—新知"的专业素养为宗旨,主要介绍了有机化学实验的基本知识、有机化学实验的基本操作、有机化合物的制备、有机化合物的性质测定与结构分析等方面的内容。通过学习,学生可以系统地学习实验室安全常识、实验操作规范、常用仪器与装置、化学试剂的分类与使用规范;在此基础上,熟练掌握蒸馏、重结晶与过滤、萃取与洗涤、薄层色谱和柱色谱、干燥剂及其使用方法等有机化学实验常用的分离及提纯方法;充分体现有机化学实验的科学性、系统性、创新性和趣味性。

　　本书以武汉纺织大学"基础化学教学团队"建设成果为基础,以众多"双一流"高校相应的研究生考试试题为补充,以"题目典型、覆盖面广、重复率低"为原则,从中精选部分习题按章分类,汇编成与纸质版教材配套使用的数字化习题集,真正实现"一书一码"。另外,为方便自学,该书提供了部分习题的参考答案,学生可通过 PC 端登陆或手机端扫描二维码(见线上作业及资源网的使用说明),完成课前预习、课后复习、竞赛辅导和考研复习,任课老师也可很方便地了解学生的学习情况以及他们对知识的掌握程度。总之,本书的在线资源既可以加强学生对理论课的学习,又有利于教师对实验课的教学。

　　本书的出版得到了湖北省教育厅科学研究计划项目(Q20161609)、武汉纺织大学学术著作出版基金和教育教学项目建设经费的资助,同时也得到了华中科技大学出版社的大力支持和帮助,在此一并表示衷心的感谢。

　　由于编写时间仓促,加之编者水平有限,书中错误和不妥之处在所难免,恳请各位同行专家和广大读者提出更多宝贵意见和建议,以使本书不断完善。

编　者

2019 年 12 月于武汉纺织大学

# 目　　录

# 第 1 章　有机化学实验的基本知识

## 1.1　有机实验室规则

　　实验是教学实践与科学创新的重要途径。在有机化学实验中,经常会使用到一些有毒、易燃、易爆和腐蚀性的化学试剂及易碎的玻璃仪器或瓷质的器皿,若操作不当,极易引起中毒、爆炸、火灾、烧伤或割伤等事故。为保障实验教学和科研安全、高效地进行,学生在实验室应自觉遵守以下规则:

　　(1) 进入实验室必须穿实验服,衣冠整洁,不得穿拖鞋。

　　(2) 熟悉实验室环境,如要知道水、电、煤气等的开关在哪里,知晓实验室消防器材、喷淋头、洗眼装置及其他公共设备的位置和使用方法,知晓实验楼的安全出口和紧急逃生通道。

　　(3) 实验期间必须遵守实验室的各项规章制度和纪律。实验期间保持室内清洁、安静,不允许玩手机、电脑等电子产品,在指定地点进行实验,服从教师指导。

　　(4) 实验前须做好预习,明确实验目的和内容,掌握实验操作的理论流程及各步骤的注意事项。应仔细检查自己所用的仪器、装置及所取的试剂是否正确,确认无误后方可进行实验。

　　(5) 实验中使用或制备有毒气体或易挥发、刺激性的化学试剂时,应在通风橱中进行,必要时戴防护眼罩、橡胶手套和防护面具。处理易燃溶剂时,应远离火源或加热区,保持室内通风。务必注意实验安全,如遇意外须保持镇静,及时报告实验管理人员,并迅速采取专业措施(断电、段气、灭火等),防止事故扩大。

　　(6) 爱护仪器设备,节约水、电、煤气、实验耗材和药品。应注意保持药品和试剂的纯净,严禁混杂,使用后应立即盖好放回原处;洗涤和使用玻璃仪器应谨慎仔细,防止损坏和受伤;发现仪器故障应立即报告教师,不要擅自拆散和检修。

　　(7) 初次实验应严格按照实验教材的操作流程进行,如要改变操作次序或药品用量,须经教师指导、许可。仪器损坏时,应立即向教师报告,如实说明情况并登记后进行补领。

　　(8) 实验期间必须严格遵守实验操作流程,细心观察,如实记录,不得擅自离岗,不许抄袭他人的实验数据;实验后及时整理原始数据,完成实验报告与总结。

　　(9) 实验垃圾按要求进行回收处理,有机溶剂、试剂、废酸或者废碱液等分别回收到指定容器,以便统一处理。火柴梗、沸石、破碎玻璃仪器残渣等切勿直接丢进水槽,以免堵塞水管。严禁将实验仪器和化学药品擅自带出实验室。

　　(10) 实验结束后,保持实验室整洁、卫生和安全。各自清洗好仪器并干燥,清理实验台面。值日生打扫实验室场地并整理仪器设备,井然有序地放置好试剂、药品,保持台面、水槽、地面整洁,清理实验室垃圾,断电、断气、关水等方可离开实验室。

# 1.2　实验室安全常识

在有机化学实验室里,经常与有毒、有腐蚀性、易燃、易爆等的化学药品接触,也会常使用易碎的玻璃仪器和瓷质的器皿,以及在水、电、煤气等高温电热设备的环境中进行科学实验工作。因此,必须高度重视安全操作常识和具备专业的防护知识。

(1) 实验室内严禁吸烟、饮食和打闹。

(2) 水、电、煤气使用完毕应立即关闭。绝不可用湿手接触开关电闸和电器(如烘箱、恒温水浴、离心机、电炉等)开关,以防触电。

(3) 洗液、浓酸、浓碱具有强腐蚀性,应避免将其溅落在身体、衣服、书本上。用移液管移取时,必须使用橡皮球或洗耳球,严禁用口直接吸取。如不慎溅在实验桌面或地面上,必须及时用湿抹布或拖布擦洗干净。

(4) 使用易燃物(如乙醚、乙醇、丙酮、苯等试剂)时,切勿大量置于台面,应远离火源或加热装置。如不慎倾出相当量的易燃液体,应立即关闭室内所有的火源和电加热器,并打开通风设备,用抹布或毛布擦拭后转入适当的容器,再妥善处理。如少量可燃液体燃着时,应关闭通风器,防止扩大燃烧。酒精及其他可溶于水的液体着火时,可用水灭火;汽油、乙醚、甲苯等有机溶剂着火时,应用石棉布扑灭。

(5) 加热时,试管口或容器口不应正对人,不能俯视正在加热的液体,以免受伤。稀释浓硫酸时,应将浓硫酸缓慢注入水中,并不断搅动;切勿将水倒入浓硫酸中,以免飞溅,造成灼伤。用油浴操作时,应随时用温度计检测温度,加热不能超过油的燃烧温度。

(6) 低沸点的有机溶剂严禁在火焰上直接加热,可利用回流冷凝装置进行水浴加热或蒸馏。

(7) 有毒气体或易挥发、刺激性的化学试剂的使用,均应在通风橱中进行。

(8) 有毒试剂(氰化物、汞盐、铅盐、钡盐、重铬酸钾等)应按实验室规定,办理审批手续后领取,使用时严格操作,不得入口或接触伤口,也切勿倒入下水道,用后放回危险品储物柜或回收后统一处理。

(9) 易燃和易爆物质的残渣(如金属钠、白磷、火柴头等)不得倒入水槽或废物缸,应倾入或收集在指定的容器内。

(10) 所有药品、试剂及仪器设备均不得带离实验室。

# 1.3　常用的化学玻璃仪器及用途

正确地选择和使用仪器,是开展化学实验的基本要求。常用的玻璃仪器一般由软质或硬质玻璃制作而成。软质玻璃耐温性、耐腐蚀性较差,如普通漏斗、量筒、吸滤瓶、干燥器等,但价格相对便宜;硬质玻璃耐高温、耐腐蚀性好,如烧瓶、烧杯、冷凝器等玻璃仪器。依据化学玻璃仪器的用途,可简单分为容器类仪器、量器类仪器和其他合成类玻璃仪器,如表1-1所示。

**1. 容器类仪器**

该仪器是常温或加热条件下物质的反应容器或物质的贮存容器,其包括试管、烧杯、烧瓶、锥形瓶、广口瓶、细口瓶、滴瓶、称量瓶、洗气瓶和分液漏斗等。每种类型的仪器有许多不同的规格,在使用时要根据具体的用途和用量大小,选择不同种类和合适规格的仪器。

**2. 量器类仪器**

该类仪器是用于度量溶液体积的仪器,如量筒、量杯、移液管、吸量管、滴定管和容量瓶等,不能用于溶解、稀释、加热等实验操作,也不能量取热溶液及长期存放溶液。

**表 1-1　各种常用仪器**

| 仪　器 | 规　格 | 主 要 用 途 | 使用注意事项 |
|---|---|---|---|
| 烧杯 | 分一般型和高型,有刻度和无刻度几种类型;按容积(mL)分为50、100、150、200、250、500等规格 | 常温和加热条件下,用于反应物量较多时的反应容器,反应物易混合均匀 | 反应液体不得超过烧杯容量的2/3。加热前要把烧杯外壁擦干,加热时应放在石棉网上,使受热均匀 |
| 平底烧瓶　圆底烧瓶 | 有圆底、平底、长颈、短颈、粗口和细口等几种类型;按容积(mL)分为50、100、250、500、1000等规格 | 圆底烧瓶:常温或加热条件下用作反应物较多,且需长时间加热时的反应容器<br>平底烧瓶:配制溶液或代替圆底烧瓶 | 盛放液体的量不能超过烧瓶容量的2/3,也不能太少。固定在铁架台上,垫上石棉网再加热,不能直接加热,加热前外壁要擦干 |
| 锥形瓶 | 分细口、广口、微型、有塞和无塞等几种类型;按容积(mL)分为50、100、150、200、250等规格 | 用作反应容器,振荡方便,适用于滴定操作 | 盛液不能太多。不能直接加热,加热时下面应垫石棉网或置于水浴中加热 |

| 仪　器 | 规　格 | 主要用途 | 使用注意事项 |
|---|---|---|---|
| 碘量瓶 | 按容积（mL）分为 100、250、500 等规格 | 用于碘量法 | 注意塞子及瓶口边缘的磨砂部分勿擦伤，以免产生漏隙。滴定时打开塞子，用蒸馏水将瓶口及塞子上的碘液洗入瓶中 |
| 广口瓶 | 有无色和棕色的，有磨口和非磨口的。磨口有塞，若无塞的口上是磨砂的，则为集气瓶。按容积（mL）分为 30、60、125、250、500 等规格 | 用于储存固体药品。集气瓶用于收集气体 | 不能直接加热，不能放碱。瓶塞不得弄脏，不要互换。做气体燃烧实验时，瓶底应放少许沙子或水。收集气体后，要用毛玻璃片盖住瓶口 |
| 细口瓶 | 有无色、棕色和蓝色的，有磨口和不磨口的。按容积（mL）分为 100、125、500、1000 等规格 | 用于储存溶液或液体药品 | 不能直接加热，瓶塞不得弄脏，不要互换。盛放碱液应改用胶塞。有磨口塞的细口瓶不用时应洗净，并在磨口处垫上纸条。有色瓶用于盛放见光易分解或不太稳定的溶液或液体 |
| 滴瓶 | 分有色和无色两种，滴管上带有橡皮胶头。按容积（mL）分为 15、30、60、125 等规格 | 盛放少量液体试剂或溶液，便于取用 | 棕色瓶用于盛放见光易分解或不太稳定的物质。滴管不能吸得太满，也不能倒置，更不能弄脏或互换 |
| 洗气瓶 | 有多种形状；按容积（mL）分为 125、250、500 等规格 | 净化气体用 | 进气管通入液体中，洗涤液为洗气瓶容积的 1/3，不得超过 1/2 |

续表

| 仪 器 | 规 格 | 主 要 用 途 | 使用注意事项 |
|---|---|---|---|
| 滴管 | 由尖嘴玻璃和橡皮乳头构成 | 用于吸取或滴加少量（数滴或 $1\sim2$ mL）试剂，或吸取沉淀上层清液以分离沉淀 | 滴加试剂时，要保持垂直，避免倾斜，尤忌倒立。除吸取溶液外，管尖不可接触其他器物，以免杂质沾污 |
| 称量瓶 | 分高型和矮型两种。按其容积（mL）高型分为 10、20、25、40 等规格，矮型分为 5、10、15、30 等规格 | 准确称取一定量固体药品时用 | 不能加热。盖子是磨口配套的，不得弄脏、丢失。不用时应洗净，在磨口处垫上纸条 |
| 试管　离心试管 | 分为普通试管和离心试管。普通试管有翻口和平口、有刻度和无刻度、有支管和无支管、有塞和无塞之分。离心试管有有刻度和无刻度之分。无刻度试管按管口外径（mm）×管长（mm）分为 8×70、10×75、10×100、12×100、15×150、30×200 等规格。有刻度试管和离心试管按容积（mL）分为 5、10、15、20、25 等规格 | 常温和加热条件下，普通试管用作少量试剂的反应容器（便于操作和观察），或用于收集少量气体，有支管的试管还可以检验气体产物，也可接到装置上用。离心试管可用于沉淀分离 | 反应液体不超过试管容积的 1/2，加热时不超过 1/3，以防振荡时液体溅出或受热溢出。加热前试管外壁要擦干加热液体时要用试管夹，管口不要对着人，以防止液体溅出伤人。将试管倾斜与桌面成 45°，同时不断振荡，火焰上端不能超过管里液面，以扩大受热面，防止暴沸、试管受热不均匀而引起破裂加热固体时，管口应略向下倾斜，防止管口冷凝水回流灼热管底而引起破裂离心试管不能直接加热 |
| 分液漏斗 | 分为有球形、梨形、筒形和锥形等类型。按容积（mL）分为 50、100、250、500 等规格 | 用于互不相溶的液-液分离和气体发生器装置中加液 | 不能加热。旋塞处涂一薄层凡士林，防止漏液。分液时，下层液体从漏斗管流出，上层液体从上口倒出。装于气体发生器时，漏斗管应插入液面内或改装成恒压漏斗 |

| 仪　器 | 规　格 | 主 要 用 途 | 使 用 注 意 事 项 |
|---|---|---|---|
| 表面皿 | 按口径（mm）分为 45、65、75、90 等规格 | 盖在烧杯上，防止液体溅出或用于其他用途 | 不能用火直接加热，以防止破裂 |
| 移液管　吸量管 | 分为刻度管型和单刻度大肚型两种。无刻度的叫移液管，有刻度的叫吸量管。按刻度最大标度（mL）分为 1、2、5、10、25、50 等规格 | 用于准确移取一定体积的液体 | 将液体吸入，液面超过刻度，再用食指按住管口，轻轻转动放气，使液面降至刻度后，用食指按住管口，移往指定容器上，放开食指，使液体注入容器中<br>移取液体前要先用少量待移取液淋洗三次。未标明"吹"字的容器，不要将残留在尖嘴内的液体吹出，因为校正容量时未考虑这一滴液体 |
| 水浴锅 | 铜制品或铝制品 | 用于间接加热，也可用于控温实验 | 应选择好圈环，使加热器皿没入锅中 2/3，使加热物品受热均匀。用完将锅内剩水倒出并将水浴锅擦干，以防锈蚀 |
| 长颈漏斗　漏斗 | 分为长颈和短颈两种。按斗颈（mm）分为 30、40、60、100、120 等规格。铜制热漏斗专用于热过滤 | 用于过滤或倾注液体。长颈漏斗常装配气体发生器加液用 | 不能直接加热。过滤时漏斗颈尖端必须紧靠盛接滤液的容器壁<br>长颈漏斗用于加液时，斗颈应插入液面内 |
| 量筒　量杯 | 按容积（mL）分为 5、10、20、25、50、100、200 等规格 | 用于量取一定体积的液体 | 读数时，视线应与液面水平，读取与弯月面底相切的刻度。不能加热，不能做实验容器，不能量热溶液和液体 |

| 仪　　器 | 规　　格 | 主　要　用　途 | 使用注意事项 |
|---|---|---|---|
| 酸式滴定管　碱式滴定管 | 分为酸式滴定管和碱式滴定管两种。按刻度最大标度（mL）分为 25、50、100 等规格 | 滴定时准确测量溶液的体积 | 洗涤前应先检查是否漏液，旋塞转动是否灵活。用前洗净，装液前要用待装溶液淋洗三次。初读数前要赶尽气泡。滴定时，用左手开启旋塞或挤压橡皮管内玻璃珠，溶液即可从滴管中放出。酸管和碱管不能对调使用 |
| 容量瓶 | 按刻度最大标度（mL）分为 5、10、25、50、100、150、200、250、500 等规格 | 配制准确浓度的溶液时用 | 溶质先在烧杯内溶解，然后转入容量瓶。不能加热，不能在其中溶解固体。瓶塞与瓶是配套的，不能互换 |
| 干燥管 | 以大小表示 | 盛放干燥剂，用于干燥气体 | 干燥剂置于球形部分，不宜过多。干燥剂颗粒要大小适中，填充时松紧要适中，不与气体反应。两端要填充少许棉花，干燥剂变潮后要立即换干燥剂，用后要清洗 |
| 吸滤瓶　布氏漏斗 | 吸滤瓶（抽滤瓶）按容积（mL）分为 50、100、250、500 等规格。布氏漏斗以直径（mm）表示 | 两者配套用于晶体或沉淀的减压过滤；利用水泵或真空泵降低吸滤瓶中压力来加速过滤 | 不能用火直接加热。滤纸要略小于漏斗的内径。先开泵，后过滤。过滤完毕后，先拔掉与吸滤瓶相连的胶管，再关泵 |
| 干燥器 | 分为普通干燥器和真空干燥器，以直径表示 | 内放干燥剂。定量分析时，将灼烧过的坩埚置其中冷却。存放物品，以免物品吸收水汽 | 灼烧过的物体放入干燥器前温度不能过高。干燥器中的干燥剂要按时更换。揭盖放置时要防止盖子滑动打碎 |

| 仪 器 | 规 格 | 主 要 用 途 | 使用注意事项 |
|---|---|---|---|
| 蒸发皿 | 分为平底和圆底两种。按容积(mL)分为 75、200、400 等规格。有瓷、玻璃、石英、铂等不同质地 | 口大底浅,用于蒸发、浓缩溶液,蒸发速率快。随液体性质不同可选用不同质地的蒸发皿 | 耐高温,但不宜骤冷,以防止破裂。蒸发溶液时,一般放在石棉网上加热,也可直接用火加热 |
| 坩埚 | 按容积(mL)分为 10、15、25、50 等规格。有瓷、石英、铁、镍或铂等不同质地 | 灼烧固体时用。随固体性质不同可选用不同质地的坩埚 | 可放在泥三角上直接用火灼烧至高温。灼烧完毕后用坩埚钳取下,放在石棉网上。坩埚钳应预热,以防止坩埚骤冷破裂 |
| 坩埚钳 | 按大小、长短分为不同种类 | 加热坩埚时,用于夹取坩埚和坩埚盖,也可用于夹取热的蒸发皿 | 不要和化学药品接触,以免腐蚀。使用时须用干净的坩埚钳。用后放置时头部朝上,以免沾污,若温度很高,应放在石棉网上 |
| 研钵 | 以口径大小表示。有铁、瓷、玻璃、玛瑙等不同质地 | 用于研磨固体物质。按固体的性质和硬度选用不同质地的研钵 | 不能用作反应容器。只能研磨,不能敲击(铁研钵除外)。放入量不宜超过研钵容积的 1/3 |
| 洗瓶 | 分为塑料洗瓶和玻璃洗瓶两种类型。按容积(mL)分为 250、500 等规格 | 用蒸馏水洗涤沉淀和容器用 | 塑料洗瓶不能加热 |
| 点滴板 | 有白色、黑色两种类型。有 6 凹穴、9 凹穴、12 凹穴等规格 | 用于点滴反应、一般不需要分离的沉淀反应,尤其是显色反应 | 白色沉淀用黑色板,有色沉淀用白色板 |

续表

| 仪　器 | 规　格 | 主　要　用　途 | 使用注意事项 |
|---|---|---|---|
| 试管架 | 有不同的形状和大小。有木料、塑料或金属质地 | 放试管用 | 加热后的试管应用试管夹夹住悬放架中 |
| 试管夹 | 有木制、竹制和金属不同质地，形状也不相同 | 夹持试管用 | 夹在试管上端，不要把拇指按在夹的活动部分 |
| 石棉网 | 用铁丝编成，中间涂有石棉。有大小之分 | 加热时，垫上石棉网能使受热物体均匀受热，不致造成局部过热 | 用前应先检查石棉是否脱落，脱落者不能用。不能与水接触，也不可卷折，以免石棉松脆或铁丝生锈 |
| 螺旋夹　自由夹 | 自由夹也叫弹簧夹、止水夹或皮管夹；螺旋夹也叫节流夹 | 在蒸馏水储瓶、制气或其他实验装置中沟通或关闭流体的通路。螺旋夹还可以控制流体的流量 | 胶管应在自由夹的中间部位，以防漏液或漏气。在蒸馏水储瓶的装置中，夹子夹持胶管的部位要常变动，以防胶管黏结。实验完毕，应及时拆卸装置，夹子擦干净放入柜中 |
| 漏斗架 | 有螺丝可固定于木架或铁架上 | 过滤时承接漏斗用 | 固定漏斗架时，不要把它倒放 |

| 仪　器 | 规　格 | 主要用途 | 使用注意事项 |
|---|---|---|---|
| 铁架台 | 有圆形和方形两种类型 | 用于固定或放置反应容器。铁环还可以代替漏斗架使用 | 应先将铁夹等放至合适的高度并旋转螺丝,使之牢固后再进行实验 |
| 三脚架 | 有大小、高低规格之分 | 放置较重、较大的加热容器 | 放置加热容器(除水浴锅外)应先放上石棉网,下面加热灯焰的位置要合适 |
| 泥三角 | 用铁丝扭成,套有瓷管,有大小之分 | 用于坩埚和小蒸发皿加热 | 使用前应检查铁丝是否断裂,断裂的不能用。选择泥三角时,要使搁在上面的坩埚所露出的上部不超过本身高度的1/3。坩埚放置要正确,坩埚底应横着斜放在三个瓷管中的一个瓷管上。灼烧的泥三角不要滴上冷水,以免破裂 |
| 毛刷 | 有大小或用途之分。有试管刷、离心试管刷、滴定管刷等 | 洗刷玻璃仪器 | 洗涤试管时,要把前部的毛捏住放入试管,以免铁丝顶端将试管戳破 |
| 药匙 | 由牛角、瓷或塑料制成。大多数是塑料的 | 用于取用固体药品 | 取用一种药品后,必须洗净,并用滤纸屑擦干,才能取用另一种药品,以免沾污试剂,发生事故 |

**3. 其他合成类玻璃仪器**

　　该类玻璃仪器一般可分为普通接口和标准接口两种(见图 1-1)。在有机实验室里,常用的普通玻璃仪器有非磨口锥形瓶、烧杯、布氏漏斗、吸滤瓶及普通漏斗等。标准接口玻璃仪器是具有标准化磨口或磨塞的玻璃仪器,如磨口锥形瓶、圆底烧瓶、三颈瓶、蒸馏头、冷凝管、接收管等。属于同类规格的接口玻璃仪器,均可任意连接,各部件能组装成各种配套仪器;与不同类型规格的部件无法直接组装时,可使用转换接头连接。

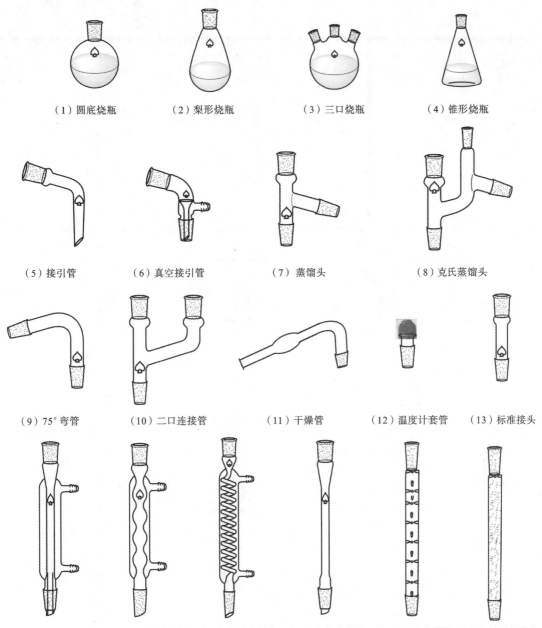

(1)圆底烧瓶　　　　(2)梨形烧瓶　　　　(3)三口烧瓶　　　　(4)锥形烧瓶

(5)接引管　　　　(6)真空接引管　　　　(7)蒸馏头　　　　(8)克氏蒸馏头

(9)75°弯管　　　(10)二口连接管　　　(11)干燥管　　　(12)温度计套管　　　(13)标准接头

(14)直流冷凝管　　(15)球形冷凝管　　(16)蛇形冷凝管　　(17)空气冷凝管　　(18)韦氏分馏柱　　(19)填料分馏柱

**图 1-1　有机化学实验常用仪器**

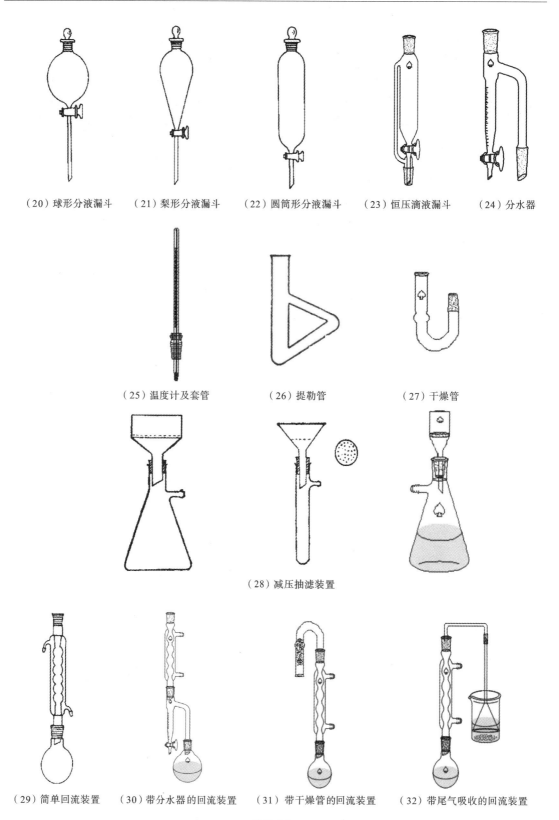

（20）球形分液漏斗　　（21）梨形分液漏斗　　（22）圆筒形分液漏斗　　（23）恒压滴液漏斗　　（24）分水器

（25）温度计及套管　　　　　　（26）提勒管　　　　　　（27）干燥管

（28）减压抽滤装置

（29）简单回流装置　　（30）带分水器的回流装置　　（31）带干燥管的回流装置　　（32）带尾气吸收的回流装置

续图 1-1

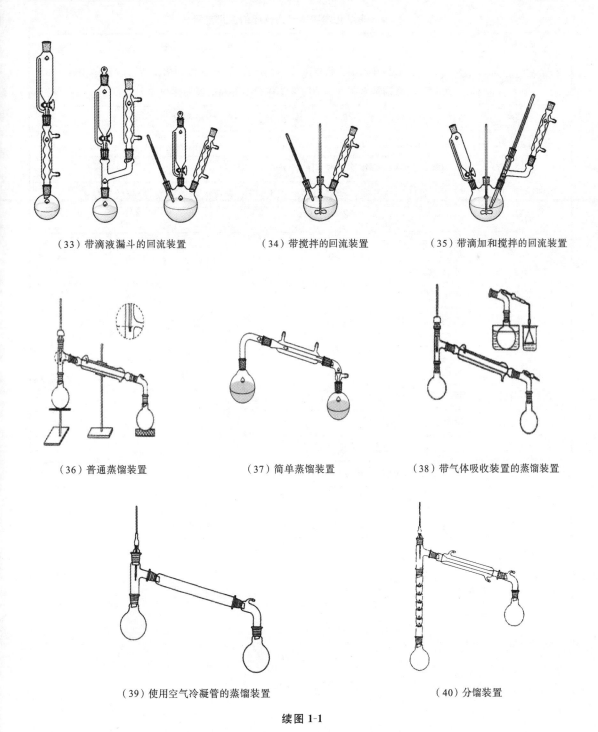

（33）带滴液漏斗的回流装置　　　　　（34）带搅拌的回流装置　　　　　（35）带滴加和搅拌的回流装置

（36）普通蒸馏装置　　　　　　　（37）简单蒸馏装置　　　　　（38）带气体吸收装置的蒸馏装置

（39）使用空气冷凝管的蒸馏装置　　　　　　　　　　（40）分馏装置

续图 1-1

　　根据国际通用标准,标准接口仪器的每个部件在其口塞的上或下显著部位均具有烤印的白色标志,以标明规格。常用的有 10、12、14、16、19、24、29、34、40(单位:mm)等。有的标准接口玻璃仪器的口塞处标有两个数字,如 10/30,10 表示磨口大端的直径为 10 mm,30 表示磨口的高度为 30 mm。常用的有机合成类玻璃仪器的应用范围如表 1-2 所示。

表 1-2  有机化学实验常用仪器的应用范围

| 仪 器 名 称 | 应 用 范 围 |
|---|---|
| 圆底烧瓶 | 反应、回流、加热和蒸馏。根据液体体积选择,一般液体的体积应占容器体积的 1/3～2/3,进行减压蒸馏和水蒸气蒸馏时液体体积不得超过容器体积的 1/2 |
| 三颈瓶 | 同时需搅拌、控温和回流的反应,体积选择与圆底烧瓶相同 |
| 直形冷凝管 | 当蒸馏温度低于 140 ℃时使用的冷凝管 |
| 空气冷凝管 | 当蒸馏温度超过 140 ℃时使用的冷凝管 |
| 球形冷凝管 | 反应装置的回流冷凝。球形冷凝面积大,以减少反应物的蒸发,冷凝效率稍高 |
| 分馏柱 | 分馏多组分混合物 |
| 恒压滴液漏斗 | 反应体系内有压力时,滴加液体更顺利 |
| 蒸馏头 | 常压蒸馏 |
| 克氏蒸馏头 | 减压蒸馏 |
| 布氏漏斗 | 与抽滤瓶合用,用于减压过滤。瓷质,不能直接加热,滤纸要略小于漏斗的内径 |
| 抽滤瓶 | 减压过滤,与布氏漏斗配套使用 |
| 接引管 | 常压蒸馏 |
| 真空接引管 | 减压蒸馏,但减压蒸馏时最好用多头接引管 |
| 温度计套管 | 蒸馏时套接温度计 |
| 标准接头 | 连接不同口径的磨口玻璃仪器 |
| 干燥管 | 内装干燥剂,用于无水反应装置 |
| 提勒管 | 用于熔点的测定 |
| 温度计 | 测量温度,一般选用比被测温度高 10～20 ℃量程的温度计 |

# 1.4　仪器清洗与保养

实验仪器是完成科学探究的基本保障。仪器的规范使用、清洗、维护和保养,不仅可以延长其使用寿命和修理周期,还可有效地提高实验的成功率和科研效率。因此,正确地使用实验仪器,掌握常用仪器的清洗、维护与保养的常识十分重要。

**1. 清洗原则**

即用即洗(原因:易洗、易找到处理残渣的方法)。

**2. 清洗方法及分类**

用清水、毛刷或去污粉擦洗。

(1) 玻璃器皿沾有油污或盛过动植物油,可用洗衣粉、去污粉、洗洁精等与配制成的洗涤剂进行清洗。清洗时要用毛刷刷洗,洗涤后,还应用清水冲净。

(2) 附有焦油、沥青或其他高分子有机物的玻璃器皿,应采用有机溶剂如汽油、苯等进行清洗。若实在难以洗净,可将玻璃器皿放入碱性洗涤剂中浸泡一段时间,再用浓度为 5% 以上的碳酸钠、碳酸氢钠、氢氧化钠或磷酸钠等溶液清洗,最后用热水冲净。

(3) 清洗附有金属、氧化物、酸、碱等污物时,应根据污垢特点,用强酸、强碱清洗或中和化学反应的方法除垢,然后再用水冲洗干净。使用酸碱清洗时,应特别注意安全,操作者应带橡胶手套和防护镜,操作时要用镊子、夹子等工具,不可直接用手取放入器皿。

(4) 清洗橡胶件上的油污,可用酒精、四氯化碳等作为清洗剂,不可使用有机溶剂作为清洗剂。清洗时,先用棉球或丝布蘸清洗剂拭擦,待清洗剂自然挥发干净后即可。四氯化碳具有毒性,清洗时应在较好通风条件下进行。

(5) 塑料的种类很多,有聚苯乙烯、聚氯乙烯、尼龙、有机玻璃等。塑料件一般对有机溶剂很敏感,清洗污垢时,不能使用如汽油、甲苯、丙酮等有机溶剂作为清洁剂。清洗塑料件用水、肥皂水或洗衣粉配制的洗涤剂洗擦为宜。

(6) 碱式滴定管上的乳胶管易老化,老化的乳胶管会将玻璃珠、尖嘴黏合。因此,在存放期间,须将乳胶管、玻璃珠、尖嘴分开存放。

(7) 带活塞的玻璃仪器如分液漏斗、酸式滴定管、活塞(直形)等长时间不用,活塞易与塞孔会黏合,使活塞不能旋转。存放时,须将活塞取出,擦净凡士林和水,在活塞与活塞孔间放小纸条隔开。类似地,磨口带塞的玻璃仪器,如容量瓶、细口瓶、广口瓶、滴瓶、分液漏斗、下口瓶等,在平常的保管中,都要在瓶塞与瓶颈口之间放小纸条,从而避免瓶塞与瓶颈口黏合。

(8) 电器类仪器要保持干燥,保持定期通电,利用内部产生的热量来除潮。金属转动旋钮的仪器易生锈,活动部位生锈就不能转动,如万能夹、坩埚钳、烧杯夹、滴定夹、方座支架的配件铁夹、十字夹等,对转动旋钮部件需经常加注机油或涂润滑油。

(9) 焦油状物质和炭化残渣,用去污粉、肥皂、强酸、强碱常常洗刷不掉,采用铬酸洗液较好。首先,在一个 250 mL 的烧杯内,把 5 g 重铬酸钠溶于 5 mL 水中,然后在搅拌下加入 100 mL 浓硫酸,待混合液冷却到 40 ℃ 左右时,呈红棕色,将其转入干燥的磨口细口瓶中,保存铬酸洗液。使用铬酸洗液前,应把仪器上的污物,特别是还原性物质洗净,再缓缓倒入洗液,让洗液充分地润湿未洗净的地方,不断地转动仪器,使洗液能够充分地浸润有残渣的地方,再把洗液回收到原来的瓶中,然后加入少量水洗涤,摇荡后把洗涤液倒入废液缸内,最后用清水把仪器冲洗干净。

**3. 仪器的干燥方法**

(1) 晾干:在有机化学实验中,应尽量用此法于实验前将仪器干燥。仪器洗净后,先尽量倒净其中的水滴,然后晾干。烧杯倒置放于柜子内;蒸馏烧瓶和量筒等倒套在试管架的小木桩上;冷凝管可用夹子夹住,竖放在柜子里。

(2) 在烘箱中烘干(一般使用带鼓风机的电烘箱):温度控制在 $100 \sim 120$ ℃。仪器放入之前要尽量倒净其中的水;仪器放入时应口朝上(若口朝下,烘干的仪器虽可无水渍,但由于从仪器内流出来的水珠滴到别的已烘干的仪器上,易引起后者的炸裂);用坩埚钳把已烘干的仪器取出来放在石棉网上冷却(注意勿让烘得很热的仪器骤然碰到冷水或冷的金属表面,以免炸裂);厚壁仪器如量筒、吸滤瓶、冷凝管等不宜在烘箱中烘干;分液漏斗和滴液漏斗则须在拔去盖子和旋塞并擦去油脂后,才能放入烘箱中烘干。

(3) 用气流干燥器吹干:在仪器洗净后,先将仪器内残留的水分甩干,然后把仪器套到气流干燥器的多孔金属管上。注意调节热空气的温度,它不易长期使用,否则易烧坏电机和电热丝。

(4) 用有机溶剂干燥:用于体积小的仪器急需干燥时,洗净的仪器先用少量的酒精洗涤一次,再用少量丙酮洗涤,最后用压缩空气或用吹风机把仪器吹干(不必加热)。用过的溶剂应倒入回收瓶中。

**4. 仪器的连接与装配**

(1) 仪器的连接:塞子连接与标准磨口连接。

塞子(软木塞与橡皮塞)连接:塞子与仪器接口尺寸相匹配(一般将塞子的 1/2~2/3 插入仪器接口内为宜);塞子的材质取决于被处理物的性质(腐蚀性、溶解性等)和仪器的应用范围(温度高低、常压还是减压操作);用适宜孔径的钻孔器钻孔。

标准磨口连接:分液漏斗的旋塞和磨塞,其磨口部位是非标准的。其余的是标准的磨口玻璃仪器(采用国际通用技术标准,常用的是锥形标准磨口。根据玻璃仪器的大小及用途不同,可采用不同尺寸的标准磨口)。

编号的数值是磨口大端直径(用 mm 表示)的圆整后的整数值(见表 1-3)。每件仪器上带有内磨口还是外磨口取决于仪器的用途。带有相同编号的一对磨口可以互相严密连接。带有不同编号的一对磨口需要用一个大小接头或小大接头(标准接头)过渡才能紧密连接。

表 1-3　标准磨口的尺寸

| 编　　号 | 10 | 12 | 14 | 19 | 24 | 29 | 34 |
|---|---|---|---|---|---|---|---|
| 大端直径/mm | 10.0 | 12.5 | 14.5 | 18.8 | 24.0 | 29.2 | 34.5 |

(2) 仪器的装配:原则上,使用同一号的标准磨口玻璃仪器(方便、利用率高、互换性强);每一件仪器都要固定在同一个铁架台上,以防止各件仪器振动频率不协调而破损仪器;与大气相连通。

此外,一般采用从下到上、从左到右的装配顺序。检查时,从正面看,整套装置和桌面垂直,其他仪器顺其自然;从侧面看,所有仪器处在同一个平面上。拆卸顺序与装配顺序相反(在松开一个铁夹子时,必须用手托住仪器,特别是倾斜安装的仪器,不能让仪器的重量对磨口施加侧向压力)。

　　最后,应顺其自然地固定仪器,各处不产生应力,夹子的双钳必须有软垫(软木片、石棉绳、布条、橡皮等,不能让金属与玻璃直接接触),冷凝管与接引管、接引管与接收器间的连接最好用磨口接头连接的专用弹簧夹固定,接收器应用升降台垫牢。

# 1.5　化学试剂的分类、存储与取用

化学试剂又称化学药品,是指在化学实验、化学分析、化学研究及其他试验中使用的各种纯度等级的化合物(也可以是混合物)或单质。有机化学实验及有机合成研究中,经常会用到各种化学药品,而其中很多化学药品是有毒、易燃、易爆炸或具有腐蚀性、强氧化性的危险品,实验操作者必须掌握正确地使用、存储和管理危险品的常识,以避免事故的发生。

**1. 实验室内常见危险品**

(1)爆炸品:具有猛烈的爆炸性。当受到高热摩擦、撞击或震动等外来因素的作用,就会发生剧烈的化学反应,产生大量的气体和热量,引起爆炸。如三硝基甲苯(TNT)、苦味酸、硝酸铵、叠氮化物、雷酸盐及其他超过三个硝基的有机化合物等。

(2)氧化剂:具有强烈的氧化性,在一定的条件下可能发生分解,引起燃烧和爆炸。如碱金属和碱土金属的氯酸盐、硝酸盐、过氧化物、高氯酸及其盐、高锰酸盐、重铬酸盐,亚硝酸盐等。

(3)压缩气体和液化气体:若将存贮有压缩气体的钢瓶置于太阳下曝晒或受热,当瓶内压力升高至容器耐压限度时,即能引起爆炸。钢瓶内气体按性质分为四类:剧毒气体(如液氯、液氨等)、易燃气体(如乙炔、氢气等)、助燃气体(如氧气等)及不燃气体(如氮、氩、氦等)。

(4)自燃物品:此类物品暴露在空气中,依靠自身的分解、氧化产生热量,使其温度升高到自燃点即可自燃,如白磷等。

(5)遇水燃烧物品:遇水或在潮湿空气中能迅速分解,产生高热,并放出易燃、易爆气体,引起燃烧或爆炸,如金属钾、钠、电石等。

(6)易燃液体:极易挥发,遇明火即燃烧。闪点是评定可燃液体火灾危险性的主要根据。闪点越低,危险性越大。闪点在 45 ℃ 以下的称为易燃液体,闪点在 45 ℃ 以上的称为可燃液体(可燃液体一般不纳入危险品管理)。常见易燃液体根据其危险程度分为一级易燃液体(闪点在28 ℃ 及以下,如乙醚、石油醚、汽油、甲醇、乙醇、苯、甲苯、乙酸乙酯、丙酮、二硫化碳、硝基苯等)和二级易燃液体(闪点在 29 ~ 45 ℃之间,含 45 ℃,如煤油等)。

(7)易燃固体:着火点低,如受热、遇火星、受撞击、摩擦或氧化剂作用等,能引起急剧的燃烧或爆炸,同时放出大量毒害气体。如赤磷、硫黄、萘、硝化纤维素等。

(8)毒害品:具有强烈的毒害性,少量进入人体或接触皮肤即可造成中毒甚至死亡。如汞和汞盐(升汞、硝酸汞等)、砷和砷化物(三氧化二砷,即砒霜)、磷和磷化物(黄磷等)、铅和铅盐(一氧化铅等)、氢氰酸、氰化物及氟化钠、四氯化碳、三氯甲烷等。此外,还有有毒气体,包括醛类、氨气、氢氟酸、二氧化硫、三氧化硫和铬酸等。

(9)腐蚀性物品:具强腐蚀性,与人体接触引起化学烧伤。有的腐蚀物品有双重性和多重性,如苯酚既有腐蚀性还有毒性和燃烧性。腐蚀物品有硫酸、盐酸、硝酸、氢氟酸、氟酸、冰乙酸、甲酸、氢氧化钠、氢氧化钾、氨水、甲醛、液溴等。

(10)致癌物质:如多环芳香烃类、3,4-苯并芘、1,2-苯并蒽、亚硝胺类、氮芥烷化剂、α-萘胺、β-萘胺、联苯胺、芳胺及一些无机化合物(如铍、镉等)都有较明显的致癌作用,要谨防侵入体内。

**2. 化学试剂的存储**

在化学实验室中,一般只储存固体试剂和液体试剂,气体物质是需用时临时制备。在取用和使用任何化学试剂时,首先要做到"三不",即**不用手拿,不直接闻气味,不尝味道**。此外,还应注意试剂瓶塞或瓶盖打开后要倒放在桌上,取用试剂后立即还原塞紧,以免污染试剂而变质,甚至能避免引起意外事故。

存储药品的总体原则是:

(1) 固体药品用广口瓶,液体药品用细口瓶;

(2) 根据药品物理性质选择试剂瓶颜色;

(3) 根据药品的化学性质选择瓶塞。

**3. 化学试剂的取用与管理**

一般情况下,采用药匙或镊子取用固体试剂,镊子或药匙务必擦拭干净、无残物。粉状或粒状固体试剂易散落,或沾在容器口和壁上,可将其倒在折成的槽形纸条上,将纸槽沿容器壁伸入底部后轻抖纸槽,使试剂落入容器底部;镊子取用块状固体试剂时,倾斜容器,使试剂沿器壁滑入器底。取用少量液体试剂时,可根据要求选用胶头滴管、量筒、滴定管或移液管;用量较多时则采用倾泻法,即从细口瓶中将液体倾入容器时,把试剂瓶上贴有标签的一面握在手心,另一只手将容器斜持并使瓶口与容器口接触并逐渐倾斜,保证试剂沿着容器壁流入容器,或沿着洁净的玻棒将液体试剂引流入细口或平底容器内。取出所需量后,逐渐竖起试剂瓶,把瓶口多余的液滴碰入容器中,以免液滴沿着试剂瓶外壁流下。注意多余的试剂不能倒回原瓶,更不能随意废弃,应倒入指定容器内供他人使用。

自行配制的试剂都应根据试剂的性质及用量盛装于有塞的试剂瓶中,见光易分解的试剂装入棕色瓶中,需滴加的试剂或指示剂装入滴瓶中,整齐排列于试剂架上,过期或失效的试剂应及时更换。试剂瓶的标签大小应与瓶子大小相称,书写工整,标签应贴在试剂瓶的中上部,上面刷一层蜡以防腐蚀脱落。

**4. 危险品存放管理**

危险物品应按国家公安部门的规定管理,贵重药品应由专人加锁保管。危险品贮藏室应设在四周不靠建筑物的地方,干燥、朝北、通风良好,门窗应坚固、门应朝外开,照明设备应采用隔离、封闭、防爆型的,室内严禁烟火,备好相应的消防器材。易燃液体的贮藏室温度一般不超过 28 ℃,爆炸品的贮藏温度不超过 30 ℃;危险品应分类隔离贮存,量较大的应隔开房间,量较小的也应设立铁板柜或水泥柜分开贮存;对腐蚀性物品应选用耐腐蚀性材料作架子;爆炸品可将瓶子存于铺放了干燥黄沙的柜中;相互接触能引起燃烧爆炸及灭火方法不同的危险品应分开存放。

# 1.6　实验预习、记录与报告

做好有机化学实验,不仅要有正确的学习态度,而且要有正确的学习方法。有机化学实验一般可分为预习、实验操作与记录、数据分析与处理、实验报告四个步骤。

**1. 预习**

实验前要认真阅读实验教材,明确实验目的,了解有关实验内容、步骤和操作方法。在预习的基础上,写出预习报告,画出实验操作流程图,并在各个步骤旁边简要地标明注意事项,为实验做好准备。

**2. 实验操作与记录**

根据教材上所规定的方法、步骤和试剂用量进行操作,严格遵守实验规范,细心观察,如实记录。如果发现实验现象反常时,应首先尊重实验事实,认真思考,分析原因,做对照试验或重新设计实验进一步验证,必要时还应多次重复验证,以得到正确的结论。实验记录常常包括预习报告和原始数据记录,原始数据记录要用永久性墨水书写,并要求按所获得数据的时间顺序进行记录。实验的原始数据记录要注明日期和作证者,这一点特别重要,在涉及专利权诉讼时,可从原始研究中的日期来进行核实。

**3. 数据分析与处理**

实验数据是化学实验现象及本质的客观体现。因此,不仅要准确地测量物理量,更应该正确地记录并处理好实验数据。

(1) 有效数字。

有效数字是由准确数字和一位可疑数字组成的测量值。有效数字的有效位反映了测量的精度。有效位是指从数字最左边第一个不为零的数字起到最后一位数字止的数字个数。如 $20.57$ g,$0.02057$ kg 都是 4 位有效数字,最后一位数字是估计出来的,记录时须保留。确定有效数字位数的运算规则如下:

(a) 加减运算。

测量值相加减,所得结果有效数字的位数和参与运算的数据中小数点后位数最少的那个数据相同。如 $21.35$,$21.346$ 及 $21.6435$ 三数相加,结果为 $64.34$。

(b) 乘除运算。

测量值相乘时,所得结果的有效数字位数应和参与运算的数据中有效数字位数最少者相同,而与小数点的位置无关。例如:$21.35$,$2.068$ 与 $0.564$ 三个数相乘时,结果为 $24.90$。

(c) 对数运算(如 pH 和 lgK 等)。

有效数字的位数仅取决于小数部分数字的位数,整数部分决定数字的方次。例如,$c(H^+) = 5.5 \times 10^{-5}$ mol/L,它有两位有效数字,所以 pH $= -\lg c(H^+) = 4.26$,尾数 26 是有效数字,与 $c(H^+)$ 的有效数字位数相同。

(d) 修约规则(四舍六入五留双)。

例如,将下列数字修约为 4 位有效数字:

$76.38476 \rightarrow 76.38$　　　　　　　　　　$76.38729 \rightarrow 76.39$

76.38501→76.39*　　　　　　　　　76.38500→76.38

（2）数据读取。

通常读取数据时，在最小准确度量单位后再估读一位。譬如，滴定分析中，滴定管最小刻度位为 0.1 mL，读数时要读到小数点后第二位。若始读数为 0.0 mL，应记作 0.00 mL；若读数在 24.3 mL 与 24.4 mL 之间，则要估读一位，例如读数位为 24.32 mL，等等。

（3）可疑值的取舍。

在一组平行测量中，有时会出现个别测量值偏离较大的现象。这时，我们首先要检查一下是否在测量中出现了错误，若没有，则必须由统计规律来决定取舍，一般较简单的方法是 Q 检验法。Q 检验法的基本步骤为：

（a）排序。

将 $n$ 个测量值按由小到大的顺序排列：$x_1, x_2, \cdots, x_n$。

（b）求 Q 值。

若最大值 $x_n$ 为可疑值，则按下式计算 $Q$：

$$Q_{计算} = \frac{x_n - x_{n-1}}{x_n - x_1}$$

若最小值 $x_1$ 为可疑值，则按下式计算 $Q$：

$$Q_{计算} = \frac{x_2 - x_1}{x_n - x_1}$$

（c）比较判断。

将计算的 $Q$ 值与查表所得的 $Q$ 值比较。若 $Q_{计算} > Q_{表}$，则应舍去此可疑值，否则保留。

**例**　测定试样中 CaO 的质量分数 $w \times 100$ 分别为 46.00、45.95、46.08、46.04 和 46.23，是否舍弃？

**解**　排序：45.95、46.00、46.04、46.08、46.23。

计算：

$$Q_{计算} = \frac{46.23 - 46.08}{46.23 - 45.95} = \frac{0.15}{0.28} = 0.54$$

比较：置信度为 90%，五次测量由 Q 值表得 $Q_{表} = 0.64$，$Q_{计算} < Q_{表}$，所以 46.23 可予保留。

（4）测量结果的表示。

测量结果最常用的表示方法是均值、平均偏差和相对平均偏差。均值表征测量值的大小，平均偏差和相对平均偏差表征测量的精密度，也就是平均测量值的彼此接近程度。

均值的表达式

$$\bar{x} = \frac{\sum_{i=1}^{n} x_i}{n}$$

平均偏差的表达式

———————————

\* 末位数字后的第一位数为 5，且其后的数字不全为 0，则将末位有效数的数值加 1。

$$\overline{d} = \frac{\sum\limits_{i=1}^{n} |x_i - x|}{n}$$

上面两个式中：$x_i$——单次测量值，$n$——测量的次数。

相对平均偏差的表达式

$$\frac{\overline{d}}{\overline{x}} \times 100\%$$

例如，测试值为 10.09、10.11、10.10、10.09、10.12，则其平均值为

$$\overline{x} = \frac{10.09 + 10.11 + 10.09 + 10.10 + 10.12}{5} = 10.102$$

但测试值仅准确到小数点后面第一位，第二位已为可疑位，故平均值 $\overline{x}$ 应表示为 10.10。

平均偏差为

$$\overline{d} = \frac{|10.09 - 10.10| + |10.11 - 10.10| + |10.09 - 10.10| + |10.10 - 10.10| + |10.12 - 10.10|}{5}$$

$$= 0.01$$

相对平均偏差为

$$\frac{0.01}{10.10} \times 100\% = 0.1\%$$

通常平均偏差与相对平均偏差只取一位有效数字。

(5) 误差种类、起因和特点。

在进行物理量的测量时，由于外界条件的影响、测量技术和实验者观察能力的限制，测量值都有误差。按产生误差的原因及特点可分为三类。

(a) 系统误差。

系统误差又称恒定误差。这种误差使测量结果总是偏向某一方，使所测的数据恒偏大或恒偏小。引起系统误差的因素有：测量仪器未经校正或调节不当、实验方法不够完善、计算公式的近似性、化学试剂纯度不够、实验者操作上的不良习惯等。这种误差不能依靠增加测量次数取平均值来消除。

(b) 随机误差。

随机误差又称偶然误差。这种误差是由于外界条件（如温度、湿度、压力、电压等）不可能绝对保持恒定，它们总是不时地发生着不规则的微小变化，以及实验者在估计仪器最小分度值以下数值时难免有时会略偏大有时会略偏小等因素引起。虽然随机误差可通过改进测量技术、提高实验者操作熟练程度来减小，但仍然不可避免。一般可采用多次测量取平均值的办法来消除随机误差。

如果对某个量作 $n$ 次测定，测量值为 $x_1, x_2, \cdots, x_n$。而真值为 $x$，则每次测量误差为

$$\delta_1 = x_1 - x$$

$$\delta_2 = x_2 - x$$

$$\vdots$$

$$\delta_n = x_n - x$$

将上式各项相加得

$$\delta_1 + \delta_2 + \cdots + \delta_n = x_1 + x_2 + \cdots + x_n - nx$$

$$x = \frac{x_1 + x_2 + \cdots + x_n}{n} - \frac{\delta_1 + \delta_2 + \cdots + \delta_n}{n}$$

如果测量中只存在随机误差,而且测量次数足够多时,根据上述随机误差的分布特点,上式右边第二项趋于 0,所以

$$x = \frac{x_1 + x_2 + \cdots + x_n}{n}$$

即 $n$ 次测量结果的算术平均值可以代替真值。

(c) 过失误差。

由于操作不仔细(如看错读数、加错试剂、记录写错等)而造成的误差称为过失误差。只要实验者严肃认真地进行实验操作,这种误差则可避免。

(6) 误差的表示方法。

(a) 绝对误差与相对误差。

测量值与真值之差,称为绝对误差。例如,

$$\delta_i = x_i - x = x_i - \overline{x} = 0$$

绝对误差与真值之比,称为相对误差。例如,

$$A_i = \frac{\delta_i}{x} = \frac{x_i - x}{\overline{x}} \times 100\%$$

可见,相对误差不仅与绝对误差有关,还与被测量的大小有关,因而便于比较不同量的测量结果。

(b) 平均误差。

$$\delta = \frac{\sum_i |x_i - \overline{x}|}{n}, \quad i = 1, 2, \cdots, n$$

(c) 标准误差。

标准误差又称均方根误差,在有限次测量中表示为

$$\sigma = \sqrt{\frac{\sum_i (x_i - \overline{x})^2}{n-1}}, \quad i = 1, 2, \cdots, n$$

平均误差计算简便,但在反映测量精密度时不够灵敏。若对同一测定量有两组数据,甲组每次测量的绝对误差彼此接近,乙组每次测量的绝对误差有大、中、小之分,如用 $\delta$ 表示,可能得到相同结果。而用 $\sigma$ 表示,就能看出它们之间的差别。

测量结果表示为 $\overline{x} \pm \delta$ 或 $\overline{x} \pm \sigma$。

(d) 一次测量值的误差估计。

如果对某一物理量测定三次以上,可求出平均误差。在物理化学量的测定中,有些物理量只测定一次,这时可按仪器精密度估计误差。例如:1 ℃刻度的温度计的误差估计为 $\pm 0.2$ ℃,贝克曼温度计的误差估计为 $\pm 0.002$ ℃,50 mL 滴定管的误差估计为 $\pm 0.02$ mL,分析天平的误差估计为 $\pm 0.0002$ g 等。

(e) 准确度与精密度。

准确度是指测量值与真值的符合程度。若系统误差和随机误差都很小,则测量值的准确

度就高。精密度是指测量值重复性的好坏。随机误差小,测量值的重复性就好,精密度就高。高精密度不一定有高准确度,而高准确度必须有足够的精密度来保证。

**4. 实验报告**

实验原始数据分析与处理后,应从理论上对实验现象和实验结果进行合理的解释并得出结论。实验报告(示例如下)的书写应字迹端正、简明扼要、整齐清洁,并及时交于指导教师讨论和审阅。

## 实验名称:××××××

实验时间_____年_____月_____日

学生姓名:　　　　　　　同组人姓名:

| 实验预习<br>(15分) | 实验记录<br>(15分) | 实验操作<br>(25分) | 实验态度<br>(10分) | 结果与讨论<br>(30分) | 台面整理<br>(5分) | 总成绩 |
|---|---|---|---|---|---|---|
| | | | | | | |

# 第一部分　实验预习报告

## 一、实验目的

## 二、实验原理(包括实验装置简图)

1. 原理:

2. 装置简图:

## 三、主要仪器设备、药品

| 试　　剂 | 规　　格 | 用　　量 | 预计实验时间 |
|---|---|---|---|
| | | | |
| | | | |

## 四、主要试剂和产物的物理常数

| 试剂 | 相对分子质量 | 性状 | 相对密度 ($\rho_水 = 1$) | 折射率 | 熔点 /(℃) | 沸点 /(℃) | 溶解性 | | |
|---|---|---|---|---|---|---|---|---|---|
| | | | | | | | 水 | 醇 | 醚 |
| | | | | | | | | | |
| | | | | | | | | | |

## 五、实验操作流程图（标明各步的注意事项）

实验操作流程图见图 1-2 中的示例。

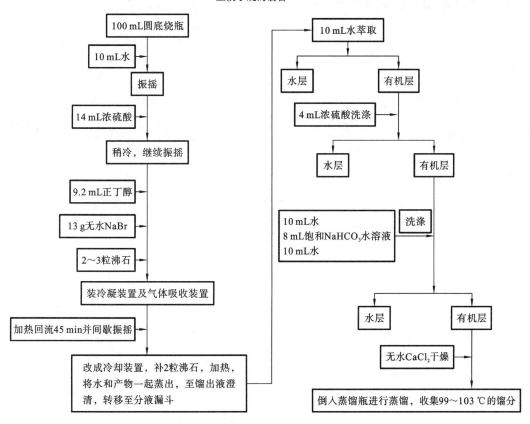

图 1-2　实验操作的示例流程图

制备正溴丁烷的操作过程的注意事项如下：

1. 稀释浓硫酸时要缓慢并保持振摇，投料时应严格按顺序，投料后，一定要混合均匀。

2. 反应时，保持回流平稳进行，导气管末端的漏斗不可全部浸入吸收液，防止倒吸。

3. 水汽蒸馏完毕后应及时洗净蒸馏装置放入烘箱，以备最后的产品蒸馏。

5. 干燥剂不可在空气中暴露太久，否则会吸水。干燥剂用量应合理。

6. 最后蒸馏的所有装置须清洁干燥，防止再污染。

# 第二部分　实验报告

## 六、操作步骤、现象及数据记录

| 实验步骤 | 实验现象与数据记录 |
| --- | --- |
|  |  |

## 七、实验原始数据的记录与处理（产率计算）

## 八、结果与讨论

（其主要内容:测定数据的分析、比较及计算,实验过程中出现的异常现象的分析,仪器装置、操作步骤、实验方法的改进意见、注意事项及思考题的解答等。）

# 第2章 有机化学实验的基本操作

## 2.1 加热和冷却

### 一、加热

在有机化学实验中,经常要对反应体系加热,以提高反应速率。通常,反应温度每提高 10 ℃,反应速率就会增加 1～2 倍。此外,有机化学实验的许多基本操作如蒸馏、重结晶、除去溶剂等,也常常需要加热。实验室常用的热源有燃气灯、电炉、电热套和微波炉等,常用的加热方式有空气浴、水浴和油浴等。

**1. 燃气灯**

燃气灯是一种方便、快速和廉价的热源。当加热的液体是水或在较高温度下稳定而不分解、又无着火危险时,可直接加热,即把盛有液体的容器(如烧杯、锥形瓶)放在石棉网上;如果是烧瓶,瓶底最好距石棉网 1～2 mm,这样受热均匀,且受热面极大,相当于空气浴。当被加热液体易挥发、易燃、易分解,以及为避免玻璃容器受热不均匀而破裂时,可采用间接加热,即用燃气灯加热热溶(如水溶、油溶或沙浴)。禁用燃气灯加热易挥发、可燃性的溶剂,如乙醚,石油醚等。

**2. 水浴**

加热温度不超过 100 ℃时,最好用水浴加热。加热温度在 90 ℃以下时,可将盛物料的容器部分浸在水中(注意勿使容器接触水浴底部),调节火焰或电压的大小,把水温控制在需要的范围以内。如果需加热到 100 ℃时,可用沸水浴;也可把容器放在水浴的环上,利用水蒸气来加热。如欲停止加热,只要把浴底的火焰移开,水即停止沸腾,容器的温度就会很快地下降。

**3. 油浴**

加热温度在 100～250 ℃时,可以用油浴加热。油浴加热的优点在于温度容易控制在一定范围内,容器内的反应物受热均匀。容器内反应物的温度一般要比油浴温度低 20 ℃左右。常用的油类有液体石蜡、豆油、棉籽油、硬化油(如氢化棉籽油)等。新用的植物油受热到 220 ℃时,往往有一部分分解而易冒烟,所以加热以不超过 200 ℃为宜,用久以后,可加热到 220 ℃。药用液体石蜡可加热到 220 ℃,硬化油可加热到 250 ℃左右。用油浴加热时,要特别当心,防止着火。当油的冒烟情况严重时,应立即停止加热。万一着火,也不要慌张,可首先关闭煤气灯或拔去插头,再移去周围易燃物,然后用石棉板盖住油浴口,火即可熄灭。油浴中应悬挂温度计,以便随时调节灯焰或电压,控制温度。加热完毕,把容器提离油浴液面,仍用铁夹夹住,放置在油浴上面。待附着在容器外壁上的油流后,用纸和干布把容器擦净。

**4. 电热套**

加热圆底烧瓶最常用的装置是电热套。它是由玻璃纤维丝编织成半球形的内套,内芯也可以是刚性的陶瓷材料,提供加热的电阻丝嵌在玻璃纤维丝或陶瓷芯内,中间填上保温材料,外边加上铝制外壳。加热温度由调节变压器控制,最高加热温度可达 400 ℃。根据内套直径的大小来划分电热套的规格。通常,根据烧瓶的容积来选择合适的电热套,如能加热 50 mL、100 mL、250 mL 和 300 mL 等规格烧瓶的电热套。

由于电热套不含铁材料,故可连接电磁搅拌装置,同时要加热和搅拌反应混合物。使用电热套时,应使反应瓶外壁与其内壁保持 1～2 cm 的距离,以便利用热空气传热,也是最简单的空气浴。陶瓷芯的电热套也可在空腔内填充细沙作为传热介质,既可用来加热尺寸较小的烧瓶,又可达到受热均匀的目的。

电热套的缺点是加热较慢,较难获得反应所需要的温度并保持恒温,且热容量较大,一旦发现反应过热或失去控制时,应立即撤除热源,自然或用冷水浴冷却反应瓶。

注意:禁止不连接变压器就直接使用电热套;避免化学药品洒在电热套内,以免烧断电阻丝。

### 5. 沙浴

沙浴是一种为小瓶内盛有少量液体加热的加热方式装置。通常将清洁而又干燥的细沙平铺在铁盘上,把盛有液体的容器埋在沙中,在铁盘下加热。由于沙对热的传导能力较差而散热却较快,所以容器底部与沙浴接触处的沙层要薄些,以便于受热。另一种沙浴是在陶瓷芯的电热套中放入细沙,将反应瓶埋入沙中,沙浴的温度由连接电热套的变压器来控制。将温度计插入与瓶底相同的位置,观察温度变化。沙浴的加热温度通常不超 200 ℃,以免玻璃容器炸裂。

除了以上介绍的几种加热方法外,还可用熔盐浴、金属浴(合金浴)、电炉法等加热方法,以适于实验的需要。不论以何种方式加热,都需要注意:① 无论加热液体或固体,必须在安装仪器时,保证在发生过热时热源能迅速移走,以免发生事故;② 一般情况下,加热有机溶剂是在通风橱内使用无火焰的热源,以降低室内溶剂的蒸气,避免火灾的危险;③ 玻璃仪器如烧瓶、烧杯,应放在石棉铁丝网上加热;若直接用火加热,仪器容易受热不均而破裂。

## 二、冷却

最简便的冷却方法是将盛有反应物的容器放在冷水浴中。如果要在低于室温的条件下进行反应,则可用水和碎冰的混合物作冷却剂,它的冷却效果要比单用冰块时的效果好很多,因为它能和容器更好地接触。如果水的存在并不妨碍反应的进行,则可以把碎冰直接投入反应物中,这样能更有效地保持低温。

如果需要把反应混合物保持在 0 ℃ 以下,常用碎冰和无机盐的混合物作冷却剂。制冰盐冷却剂时,应把盐研细,然后与碎冰按一定比例均匀混合(混合比例参见表 2-1)。

表 2-1　常用冰盐冷却剂的混合比例

| 盐类 | 100 份碎冰中加入<br>盐的质量份数 | 混合物能达到的<br>最低温度/℃ |
| --- | --- | --- |
| $NH_4Cl$ | 25 | −15 |
| $NaNO_3$ | 50 | −18 |
| $NaCl$ | 33 | −21 |
| $CaCl_2 \cdot 6H_2O$ | 100 | −29 |
| $CaCl_2 \cdot 6H_2O$ | 143 | −55 |

在实验室中,最常用的冷却剂是碎冰和食盐的混合物,它实际上能冷却到 −18～−5 ℃ 的低温。用固体的二氧化碳("干冰")和乙醇、乙醚或丙酮的混合物,可达到更低的温度(−78～−50 ℃)。

# 2.2　蒸馏与分馏

## 一、实验目的

1. 了解蒸馏和分馏的基本原理、应用范围和意义。

2. 掌握圆底烧瓶、冷凝管、蒸馏头、接收器、锥形瓶等的正确使用方法,初步掌握蒸馏和分馏装置的装配和拆卸技能。

3. 掌握蒸馏和分馏的操作方法。

## 二、实验原理

蒸馏是将液体有机物加热到沸腾状态,使液体变成蒸气,又将蒸气冷凝为液体的过程。它是分离和提纯液态有机化合物最常用的重要方法之一,通过蒸馏可除去不挥发性杂质,可分离沸点差大于 30 ℃的液体混合物。

应用分馏柱将几种沸点相近的混合物进行分离的方法称为分馏。将几种具有不同沸点而又可以完全互溶的液体混合物加热,当其总蒸气压等于外界压力时,就开始沸腾汽化,蒸气中易挥发液体的成分比在原混合液中的多。在分馏柱内,当上升的蒸气与下降的冷凝液互相接触时,上升的蒸气部分冷凝放出热量使下降的冷凝液部分汽化,两者之间发生了热量交换,其结果是,上升的蒸气中易挥发组分增加,而下降的冷凝液中高沸点组分(难挥发组分)增加,如此继续多次,就等于进行了多次的气液平衡,即达到了多次蒸馏的效果。这样靠近分馏柱顶部易挥发物质的组分比率高,而在烧瓶里高沸点组分(难挥发组分)的比率高。这样只要分馏柱足够高,就可将这种组分完全彻底分开。

蒸馏和分馏的基本原理是一样的,都是利用有机物质沸点的不同,在蒸馏过程中低沸点的组分先蒸出,高沸点的组分后蒸出,从而达到分离提纯的目的。不同的是,分馏借助于分馏柱使一系列的蒸馏不需要多次重复,一次得以完成(分馏即多次蒸馏);应用范围也不同,蒸馏时混合液体中各组分的沸点要相差 30 ℃以上才可以进行分离,而要彻底分离,则沸点要相差 110 ℃以上。分馏可使沸点相近的互溶液体混合物(甚至沸点仅相差 1~2 ℃)得到分离和纯化。工业上的精馏塔就相当于分馏柱。

液体的分子由于分子运动有从表面逸出的倾向,这种倾向随着温度的升高而增大,进而在液面上部形成蒸气。当分子由液体逸出的速度与分子由蒸气中回到液体中的速度相等时,液面上的蒸气达到饱和,称为饱和蒸气。它对液面所施加的压力称为饱和蒸气压。实验证明,液体的蒸气压只与温度有关,即液体在一定温度下具有一定的蒸气压。

当液体的蒸气压增大到与外界施于液面的总压力(通常是大气压力)相等时,就有大量气泡从液体内部逸出,即液体沸腾。这时的温度称为液体的沸点。纯粹的液体有机化合物在一定的压力下具有一定的沸点(沸程 0.5~1.5 ℃)。利用这一点,我们可以测定纯液体有机物的沸点,又称常量法。如果在蒸馏过程中,沸点发生变动,那就说明物质不纯。因此可借蒸馏的方法来定性检验液体有机物的纯度。某些有机化合物往往能和其他组分形成二元或三元共沸混合物,它们也有一定的沸点。因此,不能认为沸点一定的物质都是纯物质。

## 三、仪器和试剂

丙酮、水。

实验所需时间：4 h。

## 四、实验装置

蒸馏与分馏装置分别如图 2-1、图 2-2 所示。蒸馏装置主要由汽化、冷凝和接收三部分组成。分馏装置需在圆底烧瓶和蒸馏头之间加装分馏柱。

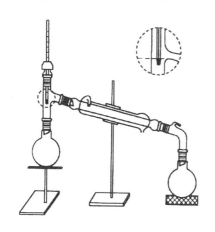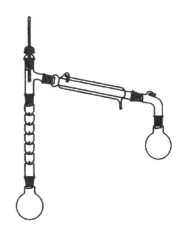

图 2-1　蒸馏装置　　　　　　　　　　　　　　图 2-2　分馏装置

### 1. 蒸馏瓶

圆底烧瓶是蒸馏时最常用的容器，尤其是减压蒸馏时应选用圆底烧瓶而不能使用平底烧瓶。它与蒸馏头组合习惯上称为蒸馏烧瓶。圆底烧瓶的选用与被蒸液体的体积有关，通常装入液体的体积应为圆底烧瓶容积的 1/3~2/3，液体量过多或过少都不宜。如果装入的液体量过多，当加热到沸腾时，液体可能冲出，或者液体飞沫被蒸气带出，混入馏出液中；如果装入的液体量太少，在蒸馏结束时，相对会有较多的液体残留在瓶内蒸不出来。在蒸馏低沸点液体时，选用长颈蒸馏瓶；而蒸馏高沸点液体时，选用短颈蒸馏瓶。

### 2. 温度计

温度计应根据被蒸馏液体的沸点来选择，低于 100 ℃，可选用 100 ℃ 的温度计；高于 100 ℃，应选用 250~300 ℃ 的水银温度计。

### 3. 冷凝管

冷凝管可分为通水直形冷凝管和空气冷凝管两类，通水直形冷凝管用于沸点低于 140 ℃ 的被蒸液体；空气冷凝管用于沸点高于 140 ℃ 的被蒸液体。用通水直形冷凝管时，套管中应通入自来水，自来水用橡皮管接到下端的进水口，而从上端出来，用橡皮管导入下水道。

### 4. 尾接管及接收瓶

尾接管将冷凝液导入接收瓶中，尾接管侧管应与大气相通（减压蒸馏需安装真空尾接管）。常压蒸馏可选用锥形瓶或烧瓶作为接收瓶，减压蒸馏选用圆底烧瓶作为接收瓶。

### 5. 蒸馏或分馏装置的装配

仪器安装顺序为先下后上，先左后右。卸仪器的顺序与安装顺序相反。在铁架台上，首先固定好圆底烧瓶的位置。若为分馏装置,在圆底烧瓶上装分馏柱,装上蒸馏头,把温度计插入温度计套筒的螺口接头中,螺口接头装配到蒸馏头上的磨口。调整温度计的位置,通常水银球的上端应恰好位于蒸馏头的支管的底边所在的水平线上,使得在蒸馏时它的水银球能完全为蒸气所包围,这样才能正确地测量出蒸气的温度。在另一铁架台上,用铁夹夹住冷凝管的中上部,调整铁架台与铁夹的位置,使冷凝管的中心线和蒸馏头支管的中心线成一条直线。移动冷凝管,把蒸馏头的支管和冷凝管严密地连接起来;铁夹应调节到正好夹在冷凝管的中央部位;再装上尾接管和接收瓶。安装好后应检查一次,从正面观察,蒸馏烧瓶支管应与冷凝管同轴;从侧面观察,整套装置应处于同一平面上。

## 五、实验步骤

### 1. 加料

做任何实验都应先组装仪器后再加料。取下螺口接头,将待蒸液体小心地通过长颈漏斗倒入圆底烧瓶中,漏斗的下端须伸到蒸馏头支管的下面。加入 2～3 粒沸石,防止液体暴沸,使液体保持平稳。当液体加热到沸点时,沸石能产生细小的气泡,成为沸腾中心。如果事先忘了加入沸石,决不能在液体加热到近沸腾时补加,这样会引起剧烈的暴沸,使部分液体冲出瓶外,有时还易发生火灾。塞好带温度计的套筒,注意温度计的位置。再检查一次装置是否稳妥和连接是否严密。

### 2. 加热

先打开冷凝水龙头,缓缓通入冷水,然后开始加热。注意冷水自下而上,蒸气自上而下,两者逆流冷却效果好。当液体沸腾,蒸气到达水银球部位时,温度计读数急剧上升,调节热源,让水银球上液滴和蒸气温度达到平衡,使蒸馏速度为每秒 1～2 滴。此时温度计读数就是馏出液的沸点,记录此时的温度。

蒸馏时若热源温度太高,蒸气成为过热蒸气,造成温度计所显示的沸点偏高;若热源温度太低,馏出物蒸气不能充分浸润温度计水银球,造成温度计读得的沸点偏低或不规则。

### 3. 收集馏液与记录

准备两个洁净的接收瓶,一个接收前馏分或称馏头,另一个(需称重)接收所需馏分。当温度升至所需物的沸点并恒定时开始接收馏出液,并记下该馏分的沸程,即该馏分的第一滴和最后一滴馏出时温度计的读数范围。所收集馏分的沸程越窄,馏分的纯度就越高。记录从开始到停止接收该馏分的温度,这就是此馏分的沸点范围。

终点的判断:一般液体中或多或少地含有高沸点杂质,在所需馏分蒸出后,若继续升温,温度计读数会显著升高;反之,在所需馏分蒸出后,若维持热源的温度,就不会再有馏液蒸出,温度计读数会突然下降,此时应停止蒸馏。即使杂质很少,也不要蒸干,以免蒸馏瓶破裂及发生其他意外事故。

### 4. 拆除装置

蒸馏或分馏完毕,先应撤出热源,然后停止通水,最后拆除装置(与安装顺序相反)。

## 六、基本操作

### 1. 丙酮和水混合物的蒸馏

在 100 mL 圆底烧瓶中,用长颈玻璃漏斗小心地加入 25 mL 丙酮和 25 mL 水,注意勿使液体从支管流出。加入 2～3 粒沸石,塞好带有温度计的塞子,通入冷凝水,然后用水浴加热。开始时火焰可稍大些,并注意观察蒸馏瓶中的现象和温度计读数的变化。当瓶内液体开始沸腾时,蒸气前沿逐渐上升,待到达温度计时,温度计读数急剧上升。当冷凝管中有蒸馏液流出时,迅速记录温度计所示的温度。调节加热速度,使馏出液均匀地以每秒钟 1～2 滴的速度流出。当柱顶温度达 56 ℃时,将原接收的三角烧瓶 A 换成另一个三角烧瓶 B 收集馏出液。当柱顶温度超过 62 ℃时,即可停止蒸馏。记录 56～62 ℃所收集馏分的体积,此温度范围所收集馏分主要含丙酮。纯丙酮的沸点为 56 ℃。

**2. 丙酮和水混合物的分馏**

在 100 mL 圆底烧瓶中,加入 25 mL 丙酮和 25 mL 水以及 2～3 粒沸石,装好分馏装置。通入冷凝水,用水浴慢慢加热,开始沸腾后,蒸气慢慢进入分馏柱中,此时要仔细控制加热温度,使温度慢慢上升,以保持分馏柱中有一个均匀的温度梯度,使馏出液均匀地以每秒钟 1～2 滴的速度流出。当冷凝管中有蒸馏液流出时,迅速记录温度计所示的温度。当柱顶温度达 56 ℃ 时,将原接收的三角烧瓶 A 换成另一个三角烧瓶 B 收集馏出液。当继续加热而不再有液体馏出时即可停止,或当继续加热而温度计读数反而下降时也可停止分馏。记录三角烧瓶 B 中馏出液所收集的温度范围和体积。此温度范围越窄说明所收集馏分越纯。从馏出液所收集的温度范围和体积比较蒸馏和分馏的分离效果。

## 七、实验记录

| 实验 | 收集液性状 | 收集温度范围/℃ | 收集液体体积/mL | 产率/(%) |
|------|-----------|---------------|----------------|----------|
| 蒸馏 | | | | |
| 分馏 | | | | |

## 八、注意事项

(1) 蒸馏装置及安装:仪器安装顺序为自下而上,从左到右;卸仪器与其安装顺序相反。温度计水银球上限应与蒸馏头侧管的下限在同一水平线上,冷凝水应从下口进,上口出。注意装置要与大气相通。

(2) 蒸馏及分馏效果的好坏与操作条件有直接关系,其中最主要的是控制馏出液的流出速度,以 1～2 滴/秒(1 mL/min)为宜,不能太快,否则达不到分离要求。

(3) 当蒸馏沸点高于 140 ℃的物质时,应该使用空气冷凝管。

(4) 如果维持原来加热程度,不再有馏出液蒸出,温度突然下降时,就应停止蒸馏,即使杂质量很少,也不能蒸干,特别是蒸馏低沸点液体时更要注意不能蒸干,否则易发生意外事故。蒸馏完毕,先停止加热,后停止通冷却水,拆卸仪器,其步骤与安装顺序相反。

(5) 简单的分馏操作与蒸馏大致相同,要很好地进行分馏,必须注意下列几点:

① 分馏一定要缓慢进行,控制好恒定的蒸馏速度(1～2 滴/秒),这样可以得到比较好的分馏效果。

② 要使有相当量的液体沿柱流回烧瓶中,即要选择合适的回流比,使上升的气流和下降液体充分进行热交换,使易挥发组分量上升,难挥发组分尽量下降,分馏效果更好。

③ 必须尽量减少分馏柱的热量损失和波动。柱的外围可用石棉包住,这样可以减少柱内热量的散发,减少风和室温的影响,也减少了热量的损失和波动,使加热均匀,分馏操作平稳地进行。

## 九、思考题

1. 在蒸馏装置中,温度计水银球的位置不符合要求会带来什么结果?

2. 分馏和蒸馏在原理及装置上有哪些异同? 如果是两种沸点很接近的液体组成的混合物,能否用分馏来提纯呢?

3. 蒸馏时为何蒸馏烧瓶中所盛液体的量既不应超过其容积的 2/3,也不应少于 1/3?

4. 蒸馏时加入沸石的作用是什么? 如果蒸馏前忘记加沸石,能否立即将沸石加至将近沸腾的液体中? 当重新蒸馏时,用过的沸石能否继续使用?

5. 为什么蒸馏时最好控制馏出液的速度以 1～2 滴/秒为宜?

6. 如果液体具有恒定的沸点,那么能否认为它是单纯物质?

7. 蒸馏时加热的快慢,对实验结果有何影响? 为什么?

8. 若加热太快,馏出液的速度大于 1～2 滴/秒(每秒钟的滴数超过要求量),用分馏分离两种液体的能力会显著下降,为什么?

9. 什么叫共沸物? 为什么不能用分馏法分离共沸混合物?

# 2.3　减压蒸馏

## 一、实验目的

1. 了解减压蒸馏的应用,学会减压蒸馏装置的安装。
2. 掌握减压蒸馏的操作方法以及油泵与保护系统的使用。
3. 学习利用减压蒸馏提纯呋喃甲醛的方法。

## 二、实验原理

在一个大气压下进行的蒸馏叫常压蒸馏,其操作方便,应用广泛。然而,在常压下,受热容易分解、氧化、聚合或发生分子重排的有机化合物则不适用。

液体的沸点是指它的蒸气压等于外界压力时的温度,因此液体的沸点是随外界压力的变化而变化的,如果采用一种封闭的系统,借助于真空泵降低系统内压力,就可以降低液体的沸点,这样就可以在比较低的温度下进行蒸馏,这叫减压蒸馏。它是分离、提纯高沸点和性质不稳定的液体以及一些低熔点固体有机物的常用方法。

一般的高沸点有机化合物,当压力降低到 20 mmHg 时,其沸点要比常压下的沸点低 100~120 ℃。物质的沸点与压力有一定关系,可通过沸点-压力的经验计算图近似地推算出高沸点物质在不同压力下的沸点。

## 三、仪器和试剂

呋喃甲醛、凡士林;磁力搅拌器、水泵、压力计、圆底烧瓶、直形冷凝管、温度计、双股尾接管、缓冲瓶。

实验所需时间:3 h。

## 四、实验步骤

### 1. 减压蒸馏装置

减压蒸馏装置由蒸馏装置、抽气装置、测压装置和保护装置四部分组成(见图 2-3),通常包括蒸馏烧瓶、冷凝管、接收器、缓冲用的吸滤瓶、水银压力计、干燥塔和减压泵等。

减压蒸馏中所用的蒸馏烧瓶通常为克氏蒸馏烧瓶。它有两个瓶颈,带支管的瓶口插温度计,另一瓶口则插一根末端拉成毛细管的厚壁玻璃管,毛细管的下端要伸到离瓶底 1~2 mm 处。在减压蒸馏时,空气由毛细管进入烧瓶,冒出小气泡,成为液体沸腾的汽化中心,同时又起一定的搅动作用。这样可以防止液体暴沸,使沸腾保持平稳,这对减压蒸馏是非常重要的。

毛细管有两种:一种是粗孔的,一种是细孔的。使用粗孔的毛细管时,在烧瓶外面的玻璃管的一端必须套一段短橡皮管,并用螺旋夹夹住,以调节进入烧瓶的空气量,使液体保持适当的沸腾;为了便于调节,最好在橡皮管中插入一根直径约为 1 mm 的金属丝。使用细孔的毛细管时,不用特别调节,但在使用前需要进行检验:把毛细管伸入盛少量乙醚或丙酮的试管里,从另一端向管内吹气,若能从毛细管的管端冒出一连串很小的气泡,这说明这根毛细管可以使用。

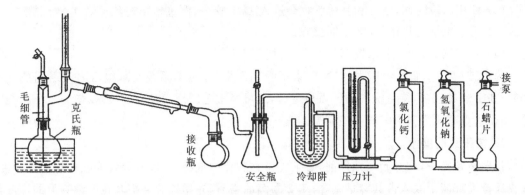

**图 2-3　油泵减压蒸馏装置**

　　减压蒸馏装置中的接收器通常用圆底蒸馏烧瓶,因为它能耐外压,但不要用平底烧瓶或锥形瓶作接收器。蒸馏时,若要集取不同的馏分而又要不中断蒸馏,则可用多头接引管。多头接引管的上部有一个支管,仪器装置由此支管抽真空。多头接引管与冷凝管末端的连接部分涂上少许甘油或凡士林后再连接起来,以便转动多头接引管,使不同的馏分流入指定的接收器中。

　　接收器(或带支管的接引管)与耐压的厚橡皮管和作为缓冲用的吸滤瓶连接起来,吸滤瓶的瓶口上装一个三孔橡皮塞,一孔连接水银压力计,一孔接二通旋塞,另一孔插导管。导管的下端应接近瓶底,上端与水泵相连接。

　　减压泵可用水泵或油泵。水泵所能达到的最低的压力为当时水温下的水蒸气压,若水温为 18 ℃,则水蒸气压为 15.5 mmHg。在水压力很强的条件下,这对一般减压蒸馏已经可以了。油泵可以把压力顺利地减低到 2~4 mmHg。

　　使用油泵时,需要注意防护保养,不使有机物质、水、酸等的蒸气侵入泵内。易挥发有机物质的蒸气可被泵内的油所吸收,把油污染,这会严重地降低泵的效率;水蒸气凝结在泵里,会使油乳化,也会降低泵的效率;酸会腐蚀泵。为了保护油泵,必须在馏液接收器与油泵之间依次装上冷却阱、水银压力计、干燥塔和缓冲用的吸滤瓶。冷却阱可放在广口保温瓶内,用冰-盐或干冰-乙醇冷却剂冷却。冷阱中冷却剂的选择随需要而定。干燥塔(吸收塔)通常设三个:第一个装无水 CaCl$_2$ 或硅胶,吸收水汽;第二个装粒状 NaOH,吸收酸性气体;第三个装切片石蜡,吸收烃类气体。为避免低沸点溶剂,特别是酸和水汽进入油泵而降低泵的真空效能,在油泵减压蒸馏前必须在常压或水泵减压下蒸除所有低沸点液体和水以及酸、碱性气体。缓冲瓶的作用是使仪器装置内的压力不发生太突然的变化,以及防止泵油的倒吸。

　　减压蒸馏装置内的压力,可用水银压力计来测定。一般用图 2-3 中的水银压力计。装置中压力的测定方法是:先记录下压力计中两臂水银柱高度的差值(毫米汞柱),然后从当时的大气压力(毫米汞柱数)减去这个差值,即得蒸馏装置内的压力。另外一种很常用的水银压力计是一端封闭的 U 形管水银压力计。管后木座上装有可滑动的刻度标尺。测定压力时,通常把滑动标尺的零点调整到 U 形管右臂的水银柱顶端线上,根据左臂的水银柱顶端线所指示的刻度,可以直接读出装置内的压力。

　　这种水银压力计的缺点是:

　　(1) 填装水银比较困难和费时,必须细心地将封闭管内和水银中的空气排除干净;

（2）使用一段时间,空气和其他脏物会进入 U 形管中,严重地影响其正确性;

（3）由于毛细管作用,读数不够精确;

（4）若突然放入空气,水银迅猛上升,会把压力计冲破。

为了维护 U 形管水银压力计,避免水银受到污染,在蒸馏系统与水银压力计之间放一冷却阱;在蒸馏过程中,待系统内的压力稳定后,还可经常关闭压力计上的旋塞,使与减压系统隔绝,当需要观察压力时再临时开启旋塞。

**2. 减压蒸馏操作**

仪器装置完毕,在开始蒸馏以前,必须先检查装置的气密性,以及装置能减压到何种程度。在克氏蒸馏烧瓶中放入占其容量 1/3～1/2 的蒸馏物质,先用螺旋夹把套在毛细管上的橡皮管完全夹紧,打开旋塞,然后开动泵。逐渐关闭旋塞,从水银压力计观察仪器装置所能达到的减压程度。

经过检查,如果仪器装置完全合乎要求,可以开始蒸馏,加热蒸馏前,尚需调节旋塞,使仪器达到所需要的压力。如果压力超过所需要的真空度,可以小心地旋转旋塞,慢慢地引入空气,把压力调整到所需要的真空度。如果达不到所需要的真空度,可从蒸气压-温度曲线查出在该压力下液体的沸点,据此进行蒸馏,然后用油浴加热。烧瓶的球形部分浸入油浴中的体积应占其体积的 2/3,但注意不要使瓶底和浴底接触。逐渐升温,油浴温度一般要比被蒸馏液体的沸点高出 20 ℃左右。如果有需要,调节螺旋夹,使液体保持平稳地沸腾。液体沸腾后,再调节油浴温度,使馏出液流出的速度每秒钟不超过一滴。在蒸馏过程中,应注意水银压力计的读数,记录下时间、压力、液体沸点、油浴温度和馏出液流出的速度等数据。

蒸馏完毕,移去热源和油浴,慢慢打开安全瓶上的旋塞,直到内外压力平衡后方可关掉油泵。

**3. 呋喃甲醛的水泵减压蒸馏**

呋喃甲醛存放过久会变成棕褐色甚至黑色,同时往往含有水分,因此使用前需蒸馏提纯。由于它的沸点较高,为 161.7 ℃,且易被氧化,最好采用减压蒸馏以便在较低温度下蒸出。本实验选用呋喃甲醛进行减压蒸馏操作,一是为初步实践水泵减压蒸馏操作,二是为实验——"呋喃甲酸和呋喃甲醇的制备"的纯化原料。

具体实验步骤如下:

（1）安装减压蒸馏装置（见图 2-4）。

可用电磁搅拌代替毛细管产生气泡以防止暴沸。用循环水泵作为减压泵,用水浴作为热浴。为使系统密闭性好,磨口仪器的所有接口部分都必须涂上一层薄凡士林或真空油脂,并旋转至透明。

（2）检查系统是否密闭。

关闭毛细管,若用电磁搅拌,则关闭缓冲瓶上的活塞,减压至压力稳定后,夹住连接系统的橡皮管,观察压力计水银柱是否变化,无变化则说明不漏气,有变化即表示漏气。

（3）加料和稳定压力。

检查仪器不漏气后,解除真空,加入 40 mL 呋喃甲醛,量不要超过蒸馏瓶的一半。开动磁力搅拌,打开安全缓冲瓶上的活塞,开启水泵,再关闭安全缓冲瓶上的活塞,当压力稳定后,开启冷凝水,水浴加热。加热时,烧瓶的圆球部位至少应有 2/3 浸入浴液中。液体沸腾后,应注

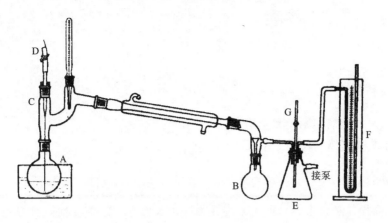

**图 2-4　水泵减压蒸馏装置**

意控制温度,并观察沸点变化情况。待沸点稳定时,转动多尾接液管接收正馏分,蒸馏速度以
1 滴/秒为宜,记录收集时的温度范围和压力计读数。

（4）结束蒸馏。

蒸馏完毕,先除去热源,稍冷后关闭冷却水。慢慢旋开夹在毛细管上的橡皮管的螺旋夹,
待蒸馏瓶稍冷后再慢慢开启安全瓶上的活塞放气（若开得太快,水银柱很快上升,有冲破测压
计的可能）;若为电磁搅拌,则待蒸馏瓶稍冷后直接慢慢开启安全瓶上的活塞解除真空。内外
压力平衡后,关闭抽气泵。小心取下接收瓶,放置妥当,再按照与安装时相反的顺序依次拆除
各仪器。

（5）计算回收率。

新蒸的呋喃甲醛为无色或淡黄色液体。真空度为 48 mmHg（6.40 kPa）时,呋喃甲醛馏出
温度为 75 ℃左右;真空度为 17 mmHg（2.27 kPa）时,呋喃甲醛馏出温度为 55 ℃左右。

## 五、实验记录

| 实验 | 收集液性状 | 真空度/mmHg | 收集温度范围/℃ | 收集液体体积/mL | 产率/(%) |
|------|-----------|------------|---------------|----------------|---------|
| 减压蒸馏 | | | | | |

## 六、思考题

1. 具有什么性质的化合物需用减压蒸馏进行提纯?

2. 使用油泵减压时,使用哪些吸收和保护装置? 其作用是什么?

3. 减压蒸馏中毛细管有何重要作用? 应如何正确安装毛细管?

4. 如何对系统进行检漏?

5. 减压蒸馏时,为什么必须先抽真空再加热?

6. 减压蒸馏时,若超过所需的真空度怎么办?

7. 当减压蒸完所要的化合物后,应如何停止减压蒸馏? 为什么?

# 2.4　水蒸气蒸馏

## 一、实验目的

1. 了解水蒸气蒸馏的原理和应用范围。
2. 掌握水蒸气蒸馏的仪器装配和操作方法。

## 二、实验原理

水蒸气蒸馏操作是将水蒸气通入不溶或难溶于水但有一定挥发性的有机物质(近 100 ℃时其蒸气压至少为 10 mmHg)中,使该有机物质在低于 100 ℃的温度下,随着水蒸气一起蒸馏出来。

两种互不相溶的液体混合物的蒸气压,等于两液体单独存在时的蒸气压之和。当组成混合物的两液体的蒸气压之和等于大气压力时,混合物就开始沸腾。互不相溶的液体混合物的沸点,要比每一物质单独存在时的沸点低。因此,在不溶于水的有机物质中,通入水蒸气进行水蒸气蒸馏时,在比该物质的沸点低得多且比 100 ℃还要低的温度下就可使该物质蒸馏出来。

在馏出物中,随水蒸气一起蒸馏出的有机物质的重量($G_A$)与水的重量($G_{H_2O}$)之比,等于两者的分压($P_A$ 和 $P_{H_2O}$)分别与各自分子量($M_A$ 和 $M_{H_2O}=18$)的乘积之比,所以馏出液中有机物质与水的重量之比可按下式计算:

$$\frac{G_A}{G_{H_2O}}=\frac{M_A\times P_A}{18\times P_{H_2O}}$$

例如,苯胺和水的混合物用水蒸气蒸馏时,苯胺的沸点是 184.4 ℃,苯胺和水的混合物在98.4 ℃就沸腾。在这个温度下,苯胺的蒸气压是 42 mmHg,水的蒸气压是 718 mmHg,两者相加等于 760 mmHg。苯胺的分子量为 93,所以馏出液中苯胺与水的重量比等于

$$\frac{93\times 42}{18\times 718}\approx\frac{1}{3.3}$$

由于苯胺略溶于水,这个计算所得的仅是近似值。

水蒸气蒸馏是用以分离和提纯有机化合物的重要方法之一。常用于下列各种情况:

(1) 混合物中含有大量的固体,通常的蒸馏、过滤、萃取等方法都不适用;

(2) 混合物中含有焦油状物质,采用通常的蒸馏、萃取等方法非常困难;

(3) 在常压下蒸馏会发生分解的高沸点有机物质。

## 三、实验步骤

### 1. 水蒸气蒸馏装置

水蒸气蒸馏装置如图 2-5 所示,主要由铁质水蒸气发生器 A(通常也可用两口或三口烧瓶代替)、三口或两口圆底烧瓶 D 和长的直形冷凝管 F 组成。若反应在圆底烧瓶内进行,可在圆底烧瓶上装配蒸馏头(或克氏蒸馏头)代替三口烧瓶,如图 2-5(b)所示。

铁质发生器内盛水约占其容量的 1/2,可以从其侧面的玻璃水位管观察发生器内的水平面。长玻璃管 B 为安全管,管的下端接近器底,根据管中水柱的高低,可以估计水蒸气压力的

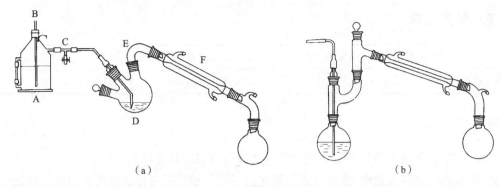

**图 2-5　水蒸气蒸馏装置**

A—铁质水蒸气发生器；B—长玻璃管；C—水蒸气导管；D—烧瓶；E—馏出液导管；F—直形冷凝管

大小。圆底烧瓶 D 应当用铁夹夹紧，其中间出口通过螺口接头插入水蒸气导管 C，烧瓶 D 侧口插入馏出液导管 E。导管 C 外径一般不小于 7 mm，以保证水蒸气畅通，其末端应接近烧瓶底部，以便水蒸气和蒸馏物质充分接触并起搅动作用。导管 E 应略微粗一些，其外径约为 10 mm，以便蒸气能畅通地进入冷凝管中。若导管 E 的直径太小，蒸气的导出将会受到一定的阻碍，这会增加烧瓶 D 中的压力。导管 E 在弯曲处前一段应尽可能短一些，因它可起到部分的冷凝作用。用长的直形冷凝管 F 可以使馏出液充分冷却。由于水的蒸发潜热较大，所以冷却水的流速也宜稍大一些。发生器 A 的支管和水蒸气导管 C 之间用一个 T 形管相连接。在 T 形管的支管上套一段短橡皮管，用螺旋夹旋紧，它可以除去水蒸气中冷凝下来的水分。在操作中，如果发生不正常现象，应立刻打开 T 形管上的螺旋夹，使其与大气相通。

**2．水蒸气蒸馏操作**

把要蒸馏的物质倒入烧瓶 D 中，其量约为烧瓶容量的 1/3。操作前，水蒸气蒸馏装置应经过检查，必须严密不漏气。开始蒸馏时，先把 T 形管上的夹子打开，直接用火把发生器里的水加热到沸腾。当有水蒸气从 T 形管的支管冲出时，再旋紧夹子，让水蒸气通入烧瓶中，这时可以看到瓶中的混合物翻腾不息，不久在冷凝管中就出现有机物质和水的混合物。调节火焰，使瓶内的混合物不致飞溅得太厉害，并控制馏出液的速度为每秒钟 2～3 滴。为了使水蒸气不致在烧瓶内过多地冷凝，在蒸馏时通常也可用小火将烧瓶加热。在操作时，要随时注意安全管中的水柱是否发生不正常的上升现象，以及烧瓶中的液体是否发生倒吸现象。一旦发生这种现象，应立刻打开夹子，移去火焰，找出发生故障的原因，必须把故障排除后，方可继续蒸馏。

当馏出液澄清透明不再含有有机物质的油滴时，一般即可停止蒸馏。这时应首先打开螺旋夹，然后移去火焰。

## 四、注意事项

1. 蒸馏前打开夹子，待水蒸气从 T 形管中冲出时将夹子夹紧。

2. 注意安全管中水柱的情况，若出现不正常的水柱上升，应立即打开 T 形管上的夹子，移去热源，排除故障。

3. 馏出液澄清透明时可停止蒸馏，停止蒸馏时应先打开 T 形管上的夹子，然后移去火焰，以防倒吸。

## 五、数据记录

| 实验 | 收集液性状 | 收集温度范围/℃ | 收集液体体积/mL | 产率/(％) |
|---|---|---|---|---|
| 水蒸气蒸馏 | | | | |

## 六、思考题

1. 什么情况下用水蒸气蒸馏？用水蒸气蒸馏的物质应具备什么条件？

2. 在水蒸气蒸馏装置中,水蒸气发生器中插一根长玻璃管有什么作用？应插于何处？

3. 在水蒸气蒸馏过程中,经常要检查什么事项？若安全管中水位上升很高,说明什么问题？如何处理才能解决？

4. 装置中的 T 形管有何作用？应如何正确使用？

# 2.5　重结晶与过滤

## 一、实验目的

1. 学习重结晶法提纯固体有机化合物的原理和方法。
2. 掌握重结晶的基本操作。
3. 练习普通过滤、抽气过滤和热过滤的操作技术。

## 二、实验原理

重结晶的原理是利用被提纯物质与杂质在某溶剂中溶解度的不同而分离纯化的,是纯化固体化合物的重要方法之一。

固体有机物在溶剂中的溶解度与温度有密切关系。一般是温度升高,溶解度增大。利用溶剂对被提纯物及杂质的溶解度不同,可以使被提纯物从过饱和溶液中析出,而让杂质全部或大部分仍留在溶液中,或者相反,使被提纯物溶于溶剂中,而过滤掉不溶于溶剂的杂质,从而达到分离和提纯的目的。

必须注意的是,杂质含量过多对重结晶极为不利,影响结晶速率,有时甚至妨碍结晶的生成。重结晶一般只适用于杂质含量约在 5% 以下的固体化合物,所以在结晶之前应根据不同情况,分别采用其他方法进行初步提纯,如水蒸气蒸馏、萃取等,然后再进行重结晶处理。

## 三、实验内容

### 1. 溶剂的选择

重结晶的关键是选择合适的溶剂,理想溶剂应具备以下条件:

(1) 不与被提纯物质起化学反应;

(2) 温度高时被提纯物质在其中的溶解度大,而在室温或更低温度下,溶解度小;

(3) 杂质在热溶剂中不溶或难溶,或在冷溶剂中易溶;

(4) 沸点适当,不要太高或太低,容易挥发,易与结晶分离;

(5) 能得到较好的晶体。

除上述条件外,结晶好、回收率高、操作简单、毒性小、易燃程度低、价格便宜的溶剂更佳,常用溶剂如水、乙醇、丙酮等。

### 2. 重结晶的主要步骤

(1) 制热的近饱和溶液。

使待重结晶物质在较高的温度(接近溶剂沸点)下溶于合适的溶剂中,溶剂分批加入,边加热边搅拌,至固体完全溶解后,再多加 20% 左右的溶剂(这样可避免热过滤时,晶体在漏斗上或漏斗颈中析出造成损失),切不可再多加溶剂,否则冷却后析不出晶体。

(2) 活性炭脱色。

如溶液含有有色杂质,待溶液稍冷后,可加活性炭(用量为固体量的 1%～5%),煮沸 5～10 min(切不可在沸腾的溶液中加入活性炭,否则会有暴沸的危险)以脱色。

（3）趁热抽滤，除去不溶性杂质。

把布氏漏斗预先烘热，趁热过滤热滤液，以避免晶体析出而损失。将剪好的滤纸放入，滤纸的直径切不可大于漏斗底边缘，否则滤液会从滤纸折边处流出造成损失。先将滤纸润湿（以免结晶析出而阻塞滤纸孔），再倒入部分滤液（不要将溶液一次倒入），启动水循环泵，通过缓冲瓶（安全瓶）上二通活塞调节真空度，开始真空度可以低些，这样不致将滤纸抽破，待滤饼已结一层后，再将余下溶液倒入，此时真空度可逐渐升高，直至抽"干"为止。停泵前，要先打开放空阀（二通活塞），再停泵，可避免倒吸。

（4）将滤液冷却，使结晶从母液中析出。

（5）抽气过滤，使晶体与母液分离。

（6）结晶的洗涤和干燥。

用重结晶的同一溶剂冲洗结晶再抽滤，除去附着的母液。用量应尽量少，以减少溶解损失。抽滤和洗涤后的结晶，表面上吸附有少量溶剂，因此尚需用适当的方法进行干燥。固体的干燥方法很多，可根据重结晶所用的溶剂及结晶的性质来选择，常用的方法有以下几种：空气中晾干，用红外灯或烘箱烘干，用滤纸吸干，置于干燥器中干燥。洗涤、干燥后测熔点，如纯度不合要求，可重复上述操作。

### 四、过滤装置图

图 2-6 为常压过滤、热过滤及抽气（减压）过滤装置。

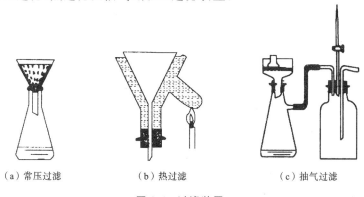

（a）常压过滤　　　　　（b）热过滤　　　　　（c）抽气过滤

**图 2-6　过滤装置**

用锥形玻璃漏斗过滤时，为加快过滤速度，常使用折叠式滤纸，其折叠方法如图 2-7 所示。

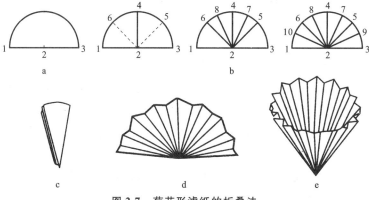

**图 2-7　菊花形滤纸的折叠法**

### 五、操作步骤（以乙酰苯胺为例）

1. 溶解：取 4 g 粗乙酰苯胺，放于 150 mL 烧杯中，加入 90 mL 水。置于石棉网上加热至沸，并不断地搅拌，若有不溶或油珠状物（油珠是熔融状态的含水的乙酰苯胺），可继续加水至完全溶解，总量不超过 120 mL。

2. 脱色：稍冷后加入少许活性炭，搅拌后继续加热煮沸 5～10 min。

3. 热过滤：将事先装好的已预热的布氏漏斗和抽滤瓶置于热水中，滤纸用少量热水润湿后紧贴于漏斗上。将上述热溶液尽快趁热倒入布氏漏斗中，抽滤，再迅速将滤液转移至烧杯中。

4. 冷却结晶：将滤液静置，自然冷却至室温。

5. 用布氏漏斗抽滤，并用少量冷水洗涤。

6. 晾干，称重。

### 六、实验记录

| 品名 | 性状 | 溶解度/(g/mL) | 实际产量/g | 产率/(%) |
|------|------|---------------|------------|----------|
|      |      |               |            |          |

### 七、注意事项

1. 加热溶解固体时，溶剂用量过多会导致冷却析晶时晶体无法析出或析出晶体量太少。在不同温度下，乙酰苯胺在 20 ℃、25 ℃、50 ℃、80 ℃和 100 ℃的水中的溶解度分别为 0.46 g/100 g、0.48 g/100 g、0.56 g/100 g、3.45 g/100g 和 5.5 g/100 g。

2. 加热溶解固体时，溶剂用量过少会导致热过滤时有晶体析出在滤纸、漏斗颈和抽滤瓶中。

3. 活性炭因滤纸破损而被引入到滤液中。

4. 活性炭吸附不充分，得到的晶体发黄。

5. 析晶时搅拌溶液，得到的晶体成渣状。

6. 加热溶解固体时，溶剂应分批加入，用量不可过多或过少，加热过程中要注意补充水。

7. 应使活性炭脱色完全。

8. 注意热过滤的有关问题：操作要迅速，防止晶体析出。

9. 静置析晶，使晶体完全析出。

### 八、思考题

1. 简述重结晶的主要步骤及各步的主要目的。

2. 重结晶时，溶剂的用量为什么不能过量太多，也不能过少？正确的溶剂量为多少？

3. 用活性炭脱色时，为什么要待固体物质完全溶解后才加入？为什么不能在溶液沸腾时加入？

4. 抽滤前，为什么漏斗和未过滤的溶液要继续加热？

5. 关闭水泵前，为什么要先打开放空阀（二通活塞），或先拆开水泵和抽滤瓶之间的连接？

# 2.6　萃取与洗涤

## 一、实验目的

1. 了解萃取分离的基本原理、乳化及破乳化。
2. 熟练掌握分液漏斗的选择及各项操作。

## 二、实验原理

萃取是利用物质在两种不互溶(或微溶)溶剂中溶解度或分配比的不同来达到分离、提取或纯化目的的一种操作,是有机化学实验中用来提取或纯化有机化合物的常用方法之一。应用萃取可以从固体或液体混合物中提取出所需物质,也可以用来洗去混合物中少量杂质。通常称前者为"抽取"或萃取,称后者为"洗涤"。

萃取分为液-液萃取和液-固萃取。液-液萃取是用一种适宜溶剂从溶液中萃取有机物的方法。此时所选溶剂与溶液中的溶剂不相溶,有机物在两相中以一定的分配系数从溶液转向所选溶剂中。液-固萃取是用一种适宜溶剂浸取固体混合物的方法。所选溶剂对此有机物有很大的溶解能力,有机物在固-液两相间以一定的分配系数从固体转向溶剂中。

## 三、实验内容

### 1. 液-液萃取

(1) 仪器的选择。

液体萃取最通常的仪器是分液漏斗,一般选择容积比被萃取液大1~2倍的分液漏斗。

(2) 萃取溶剂。

萃取溶剂的选择,应根据被萃取化合物的溶解度而定,同时要易于与溶质分开,所以最好用低沸点溶剂。一般难溶于水的物质,用石油醚等萃取;较易溶者,用苯或乙醚萃取;易溶于水的物质,用乙酸乙酯等萃取。注意:使用低沸点易燃溶剂进行萃取操作时,应熄灭附近的明火。

每次使用萃取溶剂的体积一般是被萃取液体的1/5~1/3,两者的总体积不应超过分液漏斗总容积的2/3。

(3) 萃取操作方法。

盛有液体的分液漏斗,应妥善放置,否则玻璃塞及活塞易脱落,而使液体倾洒,造成不应有的损失。

正确的放置方法通常有两种:一种是将其放在用棉绳或塑料膜缠扎好的铁圈上,铁圈则牢固地被固定在铁架台的适当高度(见图2-8(a));另一种是在漏斗颈上配一塞子,然后用万能夹牢固地将其夹住并固定在铁架台的适当高度(见图2-8(b))。但不论如何放置,从漏斗口接收放出液体的容器内壁都应贴紧漏斗颈。

在使用分液漏斗前先检查玻璃塞和活塞是否紧密配套。把活塞擦干,在活塞上涂好润滑脂(切勿涂得太厚或使润滑脂进入活塞孔中,以免污染萃取液),塞进后旋转数圈,使润滑脂均匀分布,看上去透明即可。

再用小橡皮圈套住活塞尾部的小槽,防止活塞滑脱。检查分液漏斗的顶塞与活塞处是否渗漏(用水检验),确认不漏水时方可使用。将其放置在合适的铁圈中并固定在铁架上,关好活塞。由分液漏斗的上口装入待萃取物和萃取溶剂(一般为被萃取液体积的 1/3)。塞好塞子(塞子不能涂润滑脂),旋紧。把分液漏斗倾斜,漏斗的上口略朝下,右手捏住漏斗上口颈部,用食指压紧盖子,左手握住旋塞,振荡,使两相之间充分接触,以提高萃取效率,如图 2-9 所示。

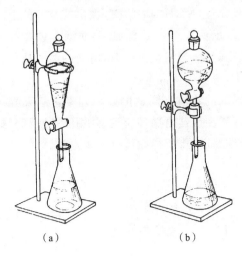

图 2-8　分液漏斗的放置

图 2-9　分液漏斗的振荡

每振摇几次后,就要将漏斗下部的支管向上倾斜(朝无人处)打开活塞放气,以解除漏斗中的压力(尤其是在漏斗内盛有易挥发溶剂如乙醚、苯等,或用碳酸钠溶液中和酸液时,振荡后更应注意及时旋开旋塞,放出气体)。

如此重复至放气时只有很小压力后,再剧烈振摇 2～3 min,将分液漏斗放在铁环上,静置,待混合液体分层。振荡有时会形成稳定的乳浊液,可加入食盐至溶液饱和,破坏乳浊液稳定性使其分层。也可轻轻地旋转漏斗,使其加速分层。长时间静置分液漏斗,也可达到使乳浊液分层的目的。

当液体分成清晰的两层后,旋转上口盖子,使盖子上的凹缝对准漏斗上口的小孔,与大气相通。或直接打开上面的玻塞,再将活塞缓缓旋开,下层液体自活塞放出,当液面分界接近旋塞时,关闭旋塞,静置片刻,待下层液体汇集不再增多时,小心地全部放出。有时在两相间可能出现一些絮状物,也应同时放去。然后将上层液体从分液漏斗上口倒出,但却不可从活塞放出,以免被残留在漏斗颈上的另一种液体所沾污。

萃取时,可利用"盐析效应",即在水溶液中加入一定量的电解质(如氯化钠),以降低有机物在水中的溶解度,提高萃取效果。水洗操作时,不加水而加饱和食盐溶液也是这个道理。在萃取过程中,将一定量的溶剂分多次萃取,其效果比一次萃取要好。

(4) 乳化现象解决的方法。

① 较长时间静置。

② 若是因碱性而产生乳化,可加入少量酸破坏或采用过滤方法除去;

③ 若是由于两种溶剂(水与有机溶剂)能部分互溶而发生乳化,可加入少量电解质(如氯化钠等),利用盐析作用加以破坏。另外,加入食盐,可增加水相的比重,有利于两相比重相差很小时的分离。

④ 加热以破坏乳状液,或滴加几滴乙醇、磺化蓖麻油等以降低表面张力。

## 2. 液-固萃取

自固体中萃取化合物,通常是用长期浸出法或采用脂肪提取器,前者是靠溶剂长期的浸润溶解而将固体物质中的所需成分浸出来,效率低,溶剂量大。脂肪提取器(常使用索氏提取器(Soxhlet extractor),参见第 3 章"实验 33　从茶叶中提取咖啡因")主要由圆底烧瓶、提取器和冷凝管等三部分组成,是利用溶剂回流和虹吸原理,使固体物质每一次都能被纯的溶剂所萃取,因而效率较高。为增加液体浸溶的面积,萃取前应先将物质研细,用滤纸套包好置于提取器中,提取器下端接盛有萃取剂的烧瓶,上端接冷凝管,当溶剂沸腾时,溶剂的蒸气从烧瓶进入冷凝管,冷凝后的纯溶剂回流到提取器的套袋中,浸取固体混合物。

待溶剂液面超过虹吸管上端后,就携带所提取的物质一同从侧面的虹吸管虹吸流入烧瓶中,因而萃取出溶于溶剂的部分物质。溶剂就这样在仪器内循环流动,利用溶剂回流和虹吸作用,使固体中的可溶物质富集到烧瓶中,提取液浓缩后,将所得固体进一步提纯。

## 四、思考题

1. 影响萃取法萃取效率的因素有哪些? 怎样才能选择好溶剂?
2. 使用分液漏斗的目的何在? 使用分液漏斗时要注意哪些事项?

# 2.7　薄 层 色 谱

## 一、实验目的

1. 了解薄层色谱的基本原理及其用途。
2. 初步掌握薄层板的制版、点样、展开等操作。

## 二、实验原理

薄层色谱(Thin Layer Chromatography)常用 TLC 表示,又称薄层层析,属于固-液吸附色谱。利用混合物中的各组分对吸附剂(固定相)的吸附能力不同,当展开剂(流动相)流经吸附剂时,发生无数次吸附和解吸过程,吸附力弱的组分随流动相迅速向前移动,吸附力强的组分滞留在后,由于各组分具有不同的移动速率,最终得以在固定相薄层上分离。其应用主要有:跟踪反应进程;鉴定少量有机混合物的组成;分离混合物;寻找柱色谱的最佳分离条件等。

薄层色谱是在被洗涤干净的玻板(约 10 cm×3 cm)上均匀地涂一层吸附剂,待干燥、活化后将样品溶液用管口平整的毛细管滴加于离薄层板一端约 1 cm 处的起点线上,晾干或吹干后置薄层板于盛有展开剂的展开槽内,浸入深度为 0.5 cm。待展开剂前沿离顶端约 1 cm 附近时,将色谱板取出,干燥后喷以显色剂,或在紫外灯下显色。记下主斑点中心至原点中心的距离以及展开剂前沿至原点中心的距离,计算比移值 $R_f$(即一种化合物在薄层板上上升的高度与展开剂上升高度的比值):

$$R_f = \frac{\text{化合物移动的距离}}{\text{展开剂移动的距离}}$$

当实验条件严格控制时,每种化合物在选定的固定相和流动相体系中有特定的 $R_f$ 值,把不同化合物的 $R_f$ 值的数据积累起来可以供鉴定化合物使用。但是,在实际工作中,$R_f$ 值的重复性较差,因此不能孤立地用比移值 $R_f$ 来进行鉴定。然而,当未知物与已知物在同一薄层板上,用几种不同的展开剂展开都有相同的 $R_f$ 值时,那么就可以确定未知物与已知物相同。当未知物的鉴定被限定到只是几种已知物中的一种时,利用 TLC 就可以确定,如图 2-10(a)所示。

TLC 也可以用于监测某些化学反应进行的情况,以寻找出该反应的最佳反应时间和达到的最高反应产率。如图 2-10(b)所示,反应进行一段时间后,将反应混合物、原料和产物的样点分别点在同一块薄层板上,展开后观察反应混合物斑点的体积是否不断减小,以及产物斑点的体积是否逐步增加,了解反应进行的情况。

## 三、实验仪器和试剂

(1) 小型展开槽一只,载玻片(2.5 cm×7.5 cm)6 块,研钵,烘箱,直尺,毛细管。

(2) 硅胶 H(200 目)、羧甲基纤维素钠、蒸馏水。

(3) 1% 偶氮苯的 1,2-二氯乙烷溶液。

(4) 1% 邻硝基苯胺的 1,2-二氯乙烷溶液。

(5) 混合样液:由(3)和(4)两种溶液等体积混合而成。

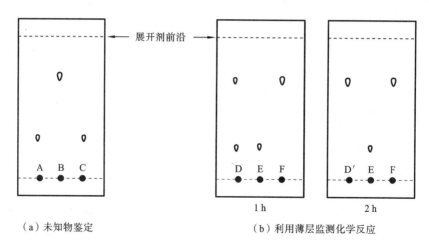

图 2-10　薄层层析板

A—已知物；B、C—未知物；D、D′——反应化合物；E—反应物；F—产物

（6）展开剂：1,2－二氯乙烷与环己烷的等体积混合液，或者乙酸乙酯和石油醚的不同体积（1∶1,1∶2,2∶1）混合液。

### 四、操作步骤（以薄层色谱分离偶氮苯和邻硝基苯胺为例）

**1. 配制羧甲基纤维素钠（CMC-Na）溶液**

按照每克 CMC-Na 加 100 mL 蒸馏水的比例在圆底烧瓶中配料，加入几粒沸石，装上回流冷凝管，在石棉网上加热回流至完全溶解，用布氏漏斗抽滤。也可在配料后用力摇匀，放置数日后直接使用。

**2. 调浆**

称取适量的硅胶 H 于干净研钵中，按照每克硅胶 H 加 3 mL 溶剂的比例加入 CMC 溶液，立即研磨，在半分钟内研成均匀的糊状。

**3. 制板**

将已经洗净烘干的载玻片水平放置在台面上，用干净牛角匙舀取糊状物倒在载玻片上，迅速摊布均匀。如不均匀，可轻敲载玻片侧沿使之流动均匀。一般不可再加入糊状物，否则会造成局部过厚。每块板 1 满匙，铺制 6 块板约需 3.5 g 硅胶 H，铺制过程应在 3～5 min 内完成。

**4. 活化**

待硅胶固化定型并晾干后，移入搪瓷盘内，放进烘箱烘焙。升温至 110～120℃保持半小时，切断电源，待冷却至不烫手时取出使用。如不很快使用，应放进干燥器中备用，或装进塑料袋中扎紧袋口备用。

**5. 点样**

在距薄层板一端约 1 cm 处用铅笔画一水平横线作为起始线。用平口毛细管在起始线上点样，每块板上点两至三个样点，样点直径应小于 2 mm，间距至少 1 cm。如果溶液太稀，样点模糊，可待溶剂挥发后在原处重复点样。可留下一块薄层板作机动，其余 5 块板每块上各点三个样点，依次为（a）混合样,（b）偶氮苯,（c）邻硝基苯胺。

**6. 展开**

在展开槽中加入适量展开剂，展开剂的深度在立式展开槽中约 0.5 cm，在卧式展开槽中约 0.3 cm。盖上盖子放置片刻。将点好样的薄层板放入，使点样一端向下，展开剂不得浸及样点。盖上盖子观察展开剂的情况，当展开剂前沿爬升到距离薄板上端约 1 cm 时取出，立即用铅笔标出展开剂的前沿位置。依次展开其余各板。

**7. 测量和计算**

用直尺测量展开剂前沿及各样点中心到起始线的距离，计算各样点的 $R_f$ 值。

**8. 比较分析**

将薄层板平放，比较分析由混合样点所分得的样点中哪一个是偶氮苯，哪一个是邻硝基苯胺，比较 $R_f$ 值的相对大小。本实验约需 3 h。

## 五、注意事项

1. 薄层板的制备应注意两点：载玻片应干净且不被手污染，吸附剂在玻片上应均匀平整。

2. 点样与展开应按要求进行，点样不能戳破薄层板面；展开时，不要让展开剂前沿上升至底线。否则，无法确定展开剂的上升高度，即无法求得 $R_f$ 值和准确判断粗产物中各组分在薄层板上的相对位置。

## 六、思考题

1. 薄层板的硅胶如果铺得过厚则对分离效果有什么影响？

2. 如果起始线浸入展开剂中是否会影响展开效果？

3. 乙醚作为一种常用的萃取剂，其优缺点是什么？

# 2.8　干燥与干燥剂

## 一、实验的目的

1. 了解干燥的基本方法。
2. 学会正确使用各类干燥剂。

## 二、实验原理

　　干燥是指除去固体、液体或气体中的水分,是有机化学实验室中最常用的重要操作之一,其目的在于除去化合物中存在的少量水分或其他溶剂。液体中的水分会与液体形成共沸物,在蒸馏时就有过多的"前馏分",造成物料的严重损失;固体中的水分会造成熔点降低,而得不到正确的测定结果。试剂中的水分会严重干扰反应,如在制备格氏试剂或酰氯的反应中若不能保证反应体系的充分干燥就得不到预期产物;而反应产物如不能充分干燥,则在分析测试中就得不到正确的结果,甚至可能得出完全错误的结论。所有这些情况中都需要用到干燥。

　　根据除水原理,干燥方法可分为物理方法和化学方法。常见的物理方法有烘干、晾干、吸附、冷冻、分馏、共沸蒸馏等,也可采用离子交换树脂、分子筛或硅胶除水。离子交换树脂和分子筛均属多孔类吸水性固体,受热后又会释放出水分子,故可反复使用。

　　化学方法除水主要是利用干燥剂与水分发生可逆或不可逆反应来除水。例如,无水氯化钙、无水硫酸镁(钠)等能与水反应,可逆地生成水合物;另有一些干燥剂如金属钠、五氧化二磷、氧化钙等可与水发生不可逆反应,生成新的化合物。

## 三、液体的干燥

### 1. 干燥剂的选择

　　选择干燥剂主要考虑:

　　(1) 所选的干燥剂必须不与被干燥的液体有机物发生化学反应或催化反应,不溶于该液体中。对未知物液体的干燥,通常选用化学惰性的干燥剂,如无水硫酸钠和无水硫酸镁等。

　　(2) 被干燥的液体需要干燥的程度、干燥剂的干燥效能(平衡时液体被干燥的程度)、干燥剂的吸水容量(单位质量干燥剂可吸收的水量)以及价格等。

　　无机盐类干燥剂不可能完全除去有机液体中的水。因所用干燥剂的种类及用量不同,所能达到的干燥程度亦不同,应根据需要干燥的程度来选择干燥剂。至于与水发生不可逆化学反应的干燥剂,其干燥是较为彻底的,但使用金属钠干燥醇类时却不能除尽其中的水分,因为生成的氢氧化钠与醇钠间存在着可逆反应:

$$C_2H_5ONa + H_2O = C_2H_5OH + NaOH$$

因此,必须加入邻苯二甲酸乙酯或琥珀酸乙酯使平衡向右移动。

### 2. 常用的干燥剂

　　(1) 无水氯化钙($CaCl_2$):无定形颗粒状(或块状),价格便宜,吸水能力强,干燥速度较快。吸水后形成含不同结晶水的水合物 $CaCl_2 \cdot nH_2O(n=1,2,4,6)$。最终的吸水产物为

$CaCl_2 \cdot 6H_2O$（30 ℃以下），是实验室中常用的干燥剂之一。但是氯化钙能水解成 $Ca(OH)_2$ 或 $Ca(OH)Cl$，因此不宜作为酸性物质或酸类的干燥剂。同时氯化钙易与醇类、胺类及某些醛、酮、酯形成分子络合物，如与乙醇生成 $CaCl_2 \cdot 4C_2H_5OH$，与甲胺生成 $CaCl_2 \cdot 2CH_3NH_2$，与丙酮生成 $CaCl_2 \cdot 2(CH_3)_2CO$ 等，因此不能作为上述各类有机物的干燥剂。

（2）无水硫酸钠（$Na_2SO_4$）：白色粉末状，吸水后形成带 10 个结晶水的硫酸钠 $Na_2SO_4 \cdot 10H_2O$。因其吸水容量大，且为中性盐，对酸性或碱性有机物都可适用，价格便宜，因此应用范围较广。但它与水作用较慢，干燥程度不高。当有机物中夹杂有大量水分时，常先用它来作初步干燥，除去大量水分，然后再用干燥效率高的干燥剂干燥。使用前最好先放在蒸发皿中小心烘炒，除去水分，然后再用。

（3）无水硫酸镁（$MgSO_4$）：白色粉末状，吸水容量大，吸水后形成带不同数目结晶水的硫酸镁 $MgSO_4 \cdot nH_2O$（$n=1,2,4,5,6,7$）。最终吸水产物为 $MgSO_4 \cdot 7H_2O$（48 ℃以下）。由于其吸水较快，且为中性化合物，对各种有机物均不起化学反应，故为常用干燥剂。特别是那些不能用无水氯化钙干燥的有机物常用它来干燥。

（4）无水硫酸钙（$CaSO_4$）：白色粉末状，吸水容量小，吸水后形成 $2CaSO_4 \cdot H_2O$（100 ℃以下）。虽然硫酸钙为中性盐，不与有机化合物起反应，但因其吸水容量小，没有前述几种干燥剂应用广泛。由于硫酸钙吸水速度快，而且形成的结晶水合物在 100 ℃以下较稳定，所以凡是沸点在 100 ℃以下的液体有机物，经无水硫酸钙干燥后，不必过滤就可以直接蒸馏。如甲醇、乙醇、乙醚、丙酮、乙醛、苯等，用无水硫酸钙脱水处理效果良好。

（5）无水碳酸钾（$K_2CO_3$）：白色粉末状，是一种碱性干燥剂。其吸水能力中等，能形成带两个结晶水的碳酸钾（$K_2CO_3 \cdot 2H_2O$），但是与水作用较慢。适用于干燥醇、酯等中性有机物以及一般的碱性有机物如胺、生物碱等，但不能作为酸类、酚类或其他酸性物质的干燥剂。

（6）固体氢氧化钠（$NaOH$）和氢氧化钾（$KOH$）：白色颗粒状，是强碱性化合物，只适用于干燥碱性有机物如胺类等。因其碱性强，对某些有机物起催化反应，而且易潮解，故应用范围受到限制。不能用于干燥酸类、酚类、酯、酰胺类以及醛酮。

（7）五氧化二磷（$P_2O_5$）：是所有干燥剂中干燥效能最强的干燥剂。$P_2O_5$ 与水作用非常快，但吸水后表面呈黏浆状，操作不便，且价格较贵。一般是先用其他干燥剂如无水硫酸镁或无水硫酸钠除去大部分水，残留的微量水分再用 $P_2O_5$ 干燥。它可用于干燥烷烃、卤代烷、卤代芳烃、醚等，但不能用于干燥醇类、酮类、有机酸和有机碱。

（8）金属钠（$Na$）：常常用作醚类、苯等惰性溶剂的最后干燥。一般先用无水氯化钙或无水硫酸镁干燥剂除去溶剂中较多量的水分，剩下的微量水分可用金属钠丝或钠片除去。但金属钠不适用于能与碱起反应的或易被还原的有机物的干燥，如不能用于干燥醇（制无水甲醇、无水乙醇等除外）、酸、酯、有机卤代物、酮、醛及某些胺。

（9）氧化钙（$CaO$）：是碱性干燥剂。与水作用后生成不溶性的 $Ca(OH)_2$，对热稳定，故在蒸馏前不必滤除。氧化钙价格便宜，来源方便，实验室常用它来处理 95% 的乙醇，以制备 99% 的乙醇，但不能用于干燥酸性物质或酯类。

常用干燥剂的性能及应用范围见表 2-2，常见有机物的适用干燥剂见表 2-3。

表 2-2　常用干燥剂的性能及应用范围

| 干燥剂 | 效能 | 速度 | 应用范围 |
|---|---|---|---|
| 无水氯化钙 | 中 | 中 | 不能干燥醇、酚、胺、酰胺、酸 |
| 无水硫酸镁 | 弱 | 中 | 中性,范围广 |
| 无水硫酸钠 | 弱 | 慢 | 中性,用作初步干燥 |
| 无水硫酸钙 | 强 | 快 | 中性,作最后干燥用 |
| 无水碳酸钾 | 弱 | 慢 | 弱碱性,干燥醇、酮、酯、胺等碱性化合物,不适用于酸性化合物 |
| 固体氢氧化钠 | 中 | 快 | 强碱性,用于干燥胺等强碱性化合物,不适用于醇、酯、醛、酮、酚、酸等 |
| 金属钠 | 强 | 快 | 干燥醚、烃类中痕量水分 |
| 氧化钙 | 强 | 中 | 低级醇类 |
| 分子筛 | 强 | 快 | 各类有机化合物 |

表 2-3　常见有机物的适用干燥剂

| 化合物类型 | 干燥剂 |
|---|---|
| 烃 | $CaCl_2$、$P_2O_5$、$Na$ |
| 卤代烃 | $CaCl_2$、$MgSO_4$、$Na_2SO_4$、$P_2O_5$ |
| 醇 | $K_2CO_3$、$MgSO_4$、$CaO$、$Na_2SO_4$ |
| 醚 | $CaCl_2$、$P_2O_5$、$Na$ |
| 醛 | $MgSO_4$、$Na_2SO_4$ |
| 酮 | $K_2CO_3$、$CaCl_2$、$MgSO_4$、$Na_2SO_4$ |
| 酸、酚 | $MgSO_4$、$Na_2SO_4$ |
| 酯 | $MgSO_4$、$Na_2SO_4$、$K_2CO_3$ |
| 胺 | $KOH$、$NaOH$、$K_2CO_3$、$CaO$ |

### 3. 干燥剂的用量

掌握好干燥剂的用量是很重要的。若用量不足,则不可能达到干燥的目的;若用量太多,则由于干燥剂的吸附而造成液体的损失。以乙醚为例,水在乙醚中的溶解度在室温时为1％～1.5％,若用无水氯化钙来干燥 100 mL 含水的乙醚时,全部转变成 $CaCl_2 \cdot 6H_2O$,其吸水容量为 0.97。也就是说,1 g 无水氯化钙大约可以吸收 0.97 g 水。这样,无水氯化钙的理论用量至少要 1 g,而实际上远远超过 1 g,这是因为醚层中还有悬浮的微细水滴,其次形成高水化合物的时间很长,往往不可能达到应有的吸水容量,故实际投入的无水氯化钙的量是大大过量的,常需用 7～10 g 无水氯化钙。操作时,一般投入少量干燥剂到液体中,进行振摇,如出现干燥剂附着器壁或相互黏结时,则说明干燥剂用量不够,应再添加干燥剂;如投入干燥剂后出现水相,必须用吸管把水吸干,然后再添加新的干燥剂。

干燥前,液体呈浑浊状,经干燥后变成澄清,这可简单地作为水分基本除去的标志。一般干燥剂的用量为每 10 mL 液体需 0.5～1 g。由于含水量不等、干燥剂质量的差异、干燥剂的颗粒大小和干燥时的温度不同等因素,因此较难规定其具体数量。上述用量仅供参考。

**4. 干燥时间**

干燥剂形成水合物需要一定的平衡时间。所以,加入干燥剂后必须放置一段时间才能达到脱水效果。在干燥过程中不时振摇,可缩短干燥时间,但一般至少要半小时以上。

**5. 干燥的操作方法**

使用无机盐类干燥剂干燥有机液体时通常是将待干燥的液体置于锥形瓶中,根据粗略估计的含水量多少,按照每 10 mL 液体 0.5～1 g 干燥剂的比例加入干燥剂,塞紧瓶口,稍加摇振,室温下放置半小时,观察干燥剂的吸水情况。

若块状干燥剂的棱角基本完好,或细粒状的干燥剂无明显粘连,或粉末状的干燥剂无结团、附壁现象,同时被干燥液体已由浑浊变得清亮,则说明干燥剂用量已足,继续放置一段时间即可过滤。若块状干燥剂棱角消失而变得浑圆,或细粒状、粉末状干燥剂粘连、结块、附壁,则说明干燥剂用量不够,需再加入新鲜干燥剂。如果干燥剂已变成糊状或部分变成糊状,则说明液体中水分过多,一般需将其过滤,然后重新加入新的干燥剂进行干燥。若过滤后的滤液中出现分层,则需用分液漏斗将水层分出,或用滴管将水层吸出后再进行干燥,直至被干燥液体均一透明,而所加入的干燥剂形态基本上没有变化为止。

在蒸馏之前,必须把干燥剂与溶液分离。

## 四、固体有机化合物的干燥

固体有机物在结晶(或沉淀)滤集过程中常吸附一些水分或有机溶剂。干燥时应根据被干燥有机物的特性和欲除去的溶剂的性质选择合适的干燥方式。常见的干燥方式有以下几种:

**1. 晾干**

晾干是最简便的干燥方法。对于那些热稳定性较差且不吸潮的固体有机物,或当结晶中吸附有易燃的挥发性溶剂如乙醚、石油醚、丙酮等时,可以采用此法。把要干燥的固体先放在瓷孔漏斗中的滤纸上,或在滤纸上面压干,然后在一张滤纸上面薄薄地摊开,用另一张滤纸覆盖起来以防灰尘落入,让它在空气中慢慢地晾干。

**2. 加热干燥**

对于热稳定的固体化合物,可以将其放在烘箱内或红外灯下干燥,加热的温度切忌超过该固体的熔点,以免固体变色或分解,如有需要,则可在真空恒温干燥箱中干燥。

**3. 干燥器干燥**

对于易吸湿或较高温度下干燥时会发生分解或变色的固体化合物,可用干燥器干燥,干燥器有普通干燥器、真空干燥器和真空恒温干燥器。

## 五、注意事项

干燥前应将被干燥液体有机物中的水分尽可能分离干净,不应有任何肉眼可见的水层。

# 第3章 有机化合物的制备

## 实验 1 1-溴丁烷的制备

### 一、实验目的

1. 学习以溴化钠、浓硫酸和正丁醇为原料制备 1-溴丁烷的原理和方法。
2. 练习带有吸收装置的加热回流操作。

### 二、实验原理

$$NaBr + H_2SO_4 \longrightarrow HBr + NaHSO_4$$

$$n\text{-}C_4H_9OH + HBr \Longrightarrow n\text{-}C_4H_9Br + H_2O$$

上述第二个反应是一个可逆反应,本实验采用增加 HBr 的量来增大正丁醇的转化率。若反应体系温度过高可能发生下列一系列副反应:

$$2\,n\text{-}C_4H_9OH \xrightarrow[\text{加热}]{H_2SO_4} (n\text{-}C_4H_9)_2O + H_2O$$

$$CH_3CH_2CH_2CH_2OH \xrightarrow[\text{加热}]{H_2SO_4} CH_3CH_2CH = CH_2 + H_2O$$

$$2HBr + H_2SO_4 \xrightarrow{\text{加热}} Br_2 + SO_2 + 2H_2O$$

因此,控制反应体系的温度是本实验的关键。

### 三、试剂与实验装置

#### 1. 试剂及用量

| 试　　剂 | 规　　格 | 用　　量 | 预计实验时间 |
|---|---|---|---|
| 溴化钠(无水) | 分析纯 | 8.3 g(0.08 mol) | |
| 正丁醇 | 分析纯 | 6.2 mL(0.068 mol) | |
| 浓硫酸 | 分析纯 | 13 mL | 5 h |
| 10%碳酸钠溶液 | — | 适量 | |
| 无水氯化钙 | — | 适量 | |

#### 2. 实验装置

实验装置如图 3-1 所示。

### 四、实验内容

在 50 mL 圆底烧瓶中,加入 6.2 mL 正丁醇、8.3 g 研细的溴化钠和 1～2 粒沸石。在一个小锥形瓶内放入 10 mL 水,将瓶放入冷水浴中冷却,一边摇荡一边慢慢加入 10 mL 浓硫酸。将稀释的硫酸分 4 次加入烧瓶,每加一次都要充分振荡烧瓶,使反应物混合均匀。在烧瓶上装上回流冷凝管,在冷凝管上口用玻璃管连接一个气体吸收装置。用小火加热混合物至沸腾,保持回流 30 min。

反应完成后,将反应物冷却 5 min。卸下回流冷凝管和气体吸收装置,再加入 1～2 粒沸石,用 75°弯管连接冷凝管,进行蒸馏。仔细观察馏出液,直到无油滴蒸出为止。

将馏出液倒入分液漏斗中,将油层从下面放入一个干燥的小锥形瓶中,然后用 3 mL 浓硫酸分两次加入瓶内,每加一次都要摇匀锥形瓶。如果混合物发热,可用冷水浴冷却,将混合物慢慢倒入分液漏斗中,静置分层,放出下层的浓硫酸。油层依次用 10 mL 水、5 mL 10% 碳酸钠溶液和 10 mL 水洗涤。将下层的粗 1-溴丁烷放入干燥的小锥形瓶中,加 1～2 g 块状的无水氯化钙,间歇振荡锥形瓶,直到液体澄清为止。

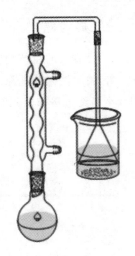

图 3-1  带尾气吸收的
回流反应装置

通过长颈漏斗过滤除去氯化钙,将澄清液倒入 25 mL 蒸馏烧瓶中,投入 1～2 粒沸石,安装好蒸馏装置,在电热套上小火加热蒸馏,收集 99～102 ℃ 的馏分。

## 五、实验记录

| 品名 | 性状 | 馏分温度/℃ | 实际产量/g | 理论产量/g | 产率/(%) |
|---|---|---|---|---|---|
|  |  |  |  |  |  |

## 六、注意事项

1. 如果用含有结晶水的溴化钠,可按物质的量进行计算,并相应地减少加入的水量。

2. 由于采用 1:1 的硫酸(即 62% 硫酸),回流时如果保持缓和的沸腾状态,很少有溴化氢气体从冷凝管上端逸出。这样,如果在通风橱中操作,气体吸收装置可以省去。

3. 回流时间太短,则反应物中残留正丁醇量增加。但回流时间继续延长,产率也不能再提高多少。

4. 用盛有清水的试管收集馏出液,看有无油滴。粗 1-溴丁烷约 7 mL。

5. 馏出液分为两层,通常其下层为粗 1-溴丁烷(油层),上层为水。若未反应的正丁醇较多,或因蒸馏过久而蒸出一些氢溴酸恒沸液,则液层的相对密度发生变化,油层可能悬浮或变为上层。如遇此现象,可加清水稀释使油层下沉。

6. 粗 1-溴丁烷中所含的少量未反应的正丁醇也可以用 3 mL 浓盐酸完全洗去。使用浓盐酸时,1-溴丁烷在下层。

7. 油层如呈红棕色,为含有游离的溴,此时可用溶有少量亚硫酸氢钠的水溶液洗涤以除去溴。

## 七、思考题

1. 反应后的粗产物中含有哪些杂质？各步洗涤的目的何在？

2. 用分液漏斗洗涤产物时，正溴丁烷时而在上层，时而在下层，若不知道产物的密度，可用什么简便方法加以判断？

# 实验 2　环己烯的制备

## 一、实验目的

1. 学习以浓磷酸催化环己醇脱水制环己烯的原理和方法。
2. 学习分液漏斗的使用,复习分馏操作。

## 二、实验原理

实验室常采用醇在酸催化下脱水的方法制备环己烯。此反应可逆,为促使反应顺利进行,在反应过程中应将反应生成的沸点低的烯烃同步蒸馏出来。

$$\bigcirc\!\!\!-OH \xrightarrow{\text{H}_3\text{PO}_4} \bigcirc\!\!\!\!= +H_2O$$

由于反应体系中存在高浓度的酸,因此可能会导致烯烃的聚合、分子间的脱水及炭化等副反应发生,常伴有副产物的生成。

## 三、试剂与实验装置

### 1. 试剂及用量

| 试　　剂 | 规　　格 | 用　　量 | 预计实验时间 |
|---|---|---|---|
| 环己醇 | 分析纯 | 10 mL(0.1 mol) | |
| 磷酸(85%) | — | 5 mL | |
| 碳酸钠溶液 | — | 适量 | 4 h |
| 饱和食盐水 | — | 适量 | |
| 无水氯化钙 | — | 适量 | |

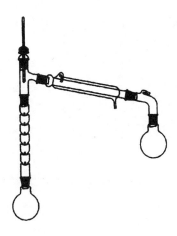

图 3-2　环己烯的制备装置

### 2. 实验装置

实验装置如图 3-2 所示。

## 四、实验内容

在 50 mL 干燥的圆底烧瓶中,放入 10 mL 环己醇及 5 mL 85% 磷酸,充分摇荡使两种液体混合均匀。投入几粒沸石,安装分馏装置。可用小锥形瓶作接收器,置于碎冰浴里。

用小火慢慢加热混合物至沸腾,以较慢速度进行蒸馏,并控制分馏柱顶部温度不超过73 ℃,馏液为带水的混合物。当无液体蒸出时,加大火焰,继续蒸馏。当温度计达到 85 ℃时,停止加热,烧瓶中只剩下很少量的残渣并出现阵阵白雾。蒸出液为环己烯和水的混合物。

小锥形瓶中的粗产物,用分液漏斗分去水层,加入等体积的饱和食盐水,摇匀后静置待液体分层,再用分液漏斗分去水层。油层转移到干燥的小锥形瓶中,加入少量的无水氯化钙干燥。必须待液体完全澄清透明后,才能过滤除去氯化钙进行蒸馏。

将干燥后的粗制环己烯在水浴上进行蒸馏,收集82～85 ℃的馏分。所用的蒸馏装置必须是干燥的。

## 五、实验记录

| 品名 | 性状 | 馏分温度/℃ | 实际产量/g | 理论产量/g | 产率/(%) |
|------|------|-----------|-----------|-----------|----------|
|      |      |           |           |           |          |

## 六、注意事项

1. 常温下环己醇为黏稠状液体,因而若用量筒量取时应注意转移中的损失,以免影响产率。

2. 最好用水浴或油浴加热,使反应物受热均匀。

3. 环己醇与水、环己烯和水皆形成二元恒沸混合物(见表3-1)。

表 3-1　恒沸混合物组成及其沸点

| 品名 | 沸点/℃ | | 恒沸物组成/(%) |
|------|--------|------|----------------|
|      | 组分 | 恒沸物 |              |
| 环己醇 | 161.5 | 97.8 | 20.0 |
| 水 | 100.0 | | 80.0 |
| 环己烯 | 83.0 | 70.8 | 90.0 |
| 水 | 100.0 | | 10.0 |

4. 反应终点的判断可参考下面几个参数:

(a) 反应进行 40 min 左右;

(b) 分馏出的环己烯和水共沸物达到理论值;

(c) 反应瓶中出现白雾;

(d) 柱顶温度下降后又升到 85 ℃以上。

## 七、思考题

1. 用磷酸做脱水剂比用硫酸做脱水剂有什么优点?

2. 实验采用分馏装置制备环己烯,为什么要控制分馏柱顶温度不超过 73 ℃?

3. 在粗制的环己醇中加入精盐,使水层饱和的目的是什么?

4. 环己烯的制备过程中,如果你的实验产率太低,试分析主要是在哪些操作步骤中造成的损失。

# 实验 3　硝基苯的制备

## 一、实验目的

1. 通过硝基苯的制备加深对芳烃亲电取代反应的理解。
2. 掌握液体萃取、干燥、减压蒸馏的实验操作。

## 二、实验原理

硝化反应是制备芳香硝基化合物的主要方法,也是重要的亲电取代反应之一。在浓硫酸催化下,芳烃与浓硝酸发生硝化,芳烃的氢原子被硝基取代,生成相应的硝基化合物。硝基化合物是重要的有机合成中间体和生产苯胺的原材料,在染料、香料、炸药等有机合成工业中有广泛的用途。

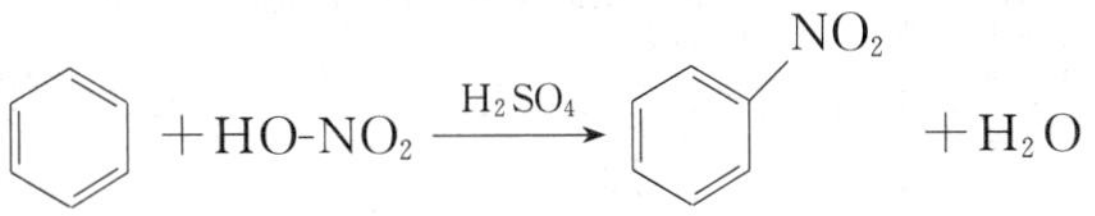

副反应:

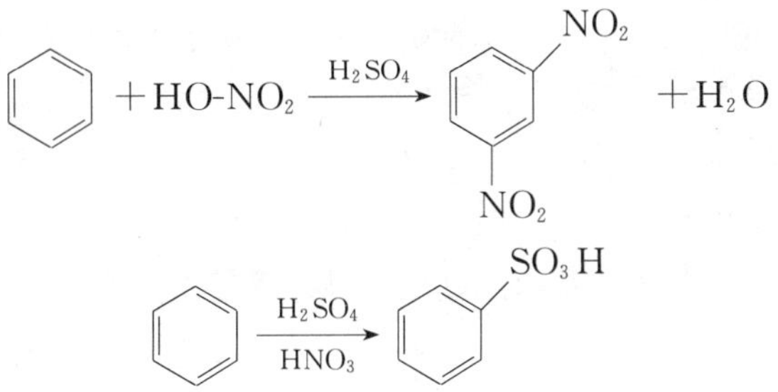

## 三、试剂与实验装置

### 1. 试剂及用量

| 试　　　剂 | 规　　　格 | 用　　　量 | 预计实验时间 |
|---|---|---|---|
| 苯 | 分析纯 | 17.8 mL | |
| 浓硝酸 | 分析纯 | 14.6 mL | |
| 浓硫酸 | 分析纯 | 20 mL | 6 h |
| 饱和食盐水 | — | 适量 | |
| 无水氯化钙 | — | 适量 | |
| 碳酸钠溶液(10%) | — | 适量 | |

### 2. 实验装置

实验装置如图 3-3 所示。

## 四、实验内容

在 100 mL 锥形瓶中加入 14.6 mL 的浓硝酸,另取 20 mL 浓硫酸,在冷水浴中分多次加入

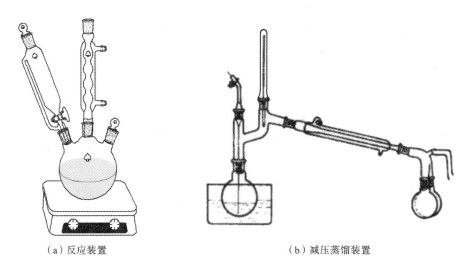

（a）反应装置　　　　　　　　　　　　（b）减压蒸馏装置

**图 3-3　硝基苯的制备装置**

锥形瓶中,边加边摇匀,制得混酸。将 17.8 mL 苯加入 250 mL 的圆底烧瓶中,将配制的混酸加入恒压滴液漏斗中,开通冷凝水,缓慢滴加混酸,控制水浴温度在 60 ℃ 左右,保持回流 30 min。

　　将反应液倒入分液漏斗中,将酸层与有机层分离,用等体积的冷水洗涤初产物 2 次,再用 10% 碳酸钠溶液洗涤 2～3 次,以除去残余的酸（可用 pH 试纸检测）,接着用等体积的蒸馏水洗涤 1 次,最后在有机层加入无水氯化钙干燥。将干燥后的粗产物转移至 50 mL 的烧瓶中,进行减压蒸馏,得到最终产物。

　　注意:第一次用等体积水洗涤时,有机层在上层;第二次用水洗涤时,有机层在下层。

## 五、实验记录

| 品名 | 性状 | 馏分温度/℃ | 压力/mmHg | 实际产量/g | 理论产量/g | 产率/(%) |
|---|---|---|---|---|---|---|
|  |  |  |  |  |  |  |

## 六、注意事项

　　1. 配制硝酸和硫酸的混酸时,在硝酸中分次加入硫酸,边加边振荡,使其混合均匀。

　　2. 硝基化合物对人体有较大的毒性,吸入大量蒸气或被皮肤接触吸收均会引起中毒,所以处理硝基苯或其他硝基化合物时,必须谨慎小心。如不慎触及皮肤,应立即用少量乙醇擦洗,再用肥皂及温水冲洗。

　　3. 硝化反应是放热反应。若反应温度超过 60 ℃ 时,会有较多的二硝基苯生成;若温度超过 80 ℃,则生成副产物苯磺酸。

　　4. 洗涤硝基苯时,特别是用碳酸钠溶液洗涤时,不可过分用力摇荡,否则使产品乳化而难以分层。若遇此情况,加数滴酒精,静置片刻,即可分层。

　　5. 蒸馏时一定不能蒸干产物,副产物二硝基苯极易在高温下发生爆炸。

## 七、思考题

1. 浓硫酸在实验中的作用是什么？
2. 反应过程中温度过高对反应有何影响？请用反应式表示。
3. 粗产物依次用水、碱液、水洗的目的是什么？

# 实验 4 叔丁基氯的制备

## 一、实验目的

1. 学习并掌握由醇制备卤代烃的原理，加深对亲核取代反应机理的理解。
2. 掌握分液、蒸馏等基本实验操作技能。

## 二、实验原理

卤代烃是一类重要的有机合成中间体。卤代烃通过亲核取代反应，能便捷地制备出多种有用的有机化合物，如腈、胺、醚等；卤代烃还能与多种金属反应，制备反应活性高的金属有机化合物，如格氏(Grignard)试剂等，从而实现多种官能团的相互转化和增长碳链。

实验室制备卤代烃常用的方法是将结构对应的醇通过亲核取代反应转变成相应的卤代物，但醇与氢卤酸反应的难易程度因醇的结构及氢卤酸不同而有所不同。

不同结构的醇活性强弱为：

叔醇＞仲醇＞伯醇

叔醇的反应活性大，在室温、无催化剂条件下，即可与氢卤酸发生反应生成卤代烃。

$$\begin{array}{c} CH_3 \\ | \\ H_3C-C-OH \\ | \\ CH_3 \end{array} \xrightarrow{HCl} \begin{array}{c} CH_3 \\ | \\ H_3C-C-Cl \\ | \\ CH_3 \end{array} + H_2O$$

## 三、试剂与实验装置

### 1. 试剂及用量

| 试剂 | 规格 | 用量 | 预计实验时间 |
|---|---|---|---|
| 叔丁醇 | 分析纯 | 4.8 mL | 4 h |
| 浓盐酸 | 分析纯 | 12.5 mL | |
| 碳酸氢钠溶液 | — | 适量 | |
| 无水氯化钙 | — | 适量 | |

### 2. 实验装置

实验装置如图 3-4 所示。

## 四、实验内容

在 100 mL 的分液漏斗中，放置 4.8 mL 叔丁醇和 12.5 mL 浓盐酸。先勿塞住漏斗，轻轻旋摇 1 min，然后将漏斗塞紧，翻转后摇振 2～3 min。注意及时打开活塞放气，以免漏斗内压力过大，使反应物喷出。

静置分层后分出有机相，依次用等体积的水、5%碳酸氢钠溶液和水洗涤。用碳酸氢钠溶液洗涤时，要小心操作，注意及时放气。最终得到的有机层用无水氯化钙干燥。将干燥好的粗

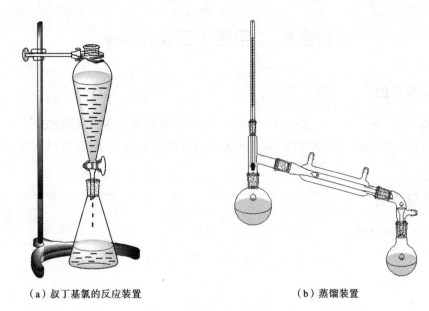

（a）叔丁基氯的反应装置　　　　　　　　　（b）蒸馏装置

**图 3-4　叔丁基氯的制备装置**

产物滤入蒸馏瓶中，在水浴上蒸馏，接收瓶用冰水浴冷却，收集 48～52 ℃的馏分。

## 五、实验记录

| 品名 | 性状 | 馏分温度/℃ | 实际产量/g | 理论产量/g | 产率/(%) |
|------|------|-----------|-----------|-----------|----------|
|      |      |           |           |           |          |

## 六、注意事项

1. 叔丁醇的熔点为 25 ℃，如果呈固体，需在温水中温热熔化后取用。

2. 洗涤粗产物时，如果用碳酸氢钠溶液洗涤，它的浓度不能过高，且洗涤时间不能过长。

## 七、思考题

1. 洗涤粗产物时，如果碳酸氢钠溶液浓度过高，洗涤时间过长有什么不好？能否用稀的氢氧化钠溶液代替碳酸氢钠溶液？

2. 本实验中未反应完全的叔丁醇如何除去？

3. 用分液漏斗进行洗涤操作时，应当注意什么？

# 实验5　2-甲基-2-己醇的制备

## 一、实验目的

1. 了解格氏(Grignard)试剂在有机合成中的应用,掌握其制备原理和方法。

2. 掌握制备格氏试剂的基本操作,学习电动搅拌机的安装和使用,巩固回流、萃取、蒸馏等操作。

## 二、实验原理

正丁基溴化镁的制备:

$$n\text{-}C_4H_9Br + Mg \xrightarrow{\text{无水乙醚}} n\text{-}C_4H_9MgBr$$

2-甲基-2-己醇的制备:

$$n\text{-}C_4H_9MgBr + CH_3COCH_3 \xrightarrow{\text{无水乙醚}} n\text{-}C_4H_9\underset{\underset{\displaystyle OMgBr}{|}}{-}CH(CH_3)_2$$

$$n\text{-}C_4H_9\underset{\underset{\displaystyle OMgBr}{|}}{-}CH(CH_3)_2 + H_2O \xrightarrow{H^\oplus} n\text{-}C_4H_9\underset{\underset{\displaystyle OH}{|}}{-}CH(CH_3)_2$$

## 三、试剂与实验装置

### 1. 试剂及用量

| 试　剂 | 规　格 | 用　量 | 预计实验时间 |
| --- | --- | --- | --- |
| 正溴丁烷 | 分析纯 | 13.5 mL | |
| 镁屑 | — | 3.1 g | |
| 丙酮 | 分析纯 | 10 mL | |
| 无水乙醚 | 分析纯 | 适量 | |
| 无水碳酸钾 | 分析纯 | 适量 | 6 h |
| 碘 | 分析纯 | 适量 | |
| 10%硫酸 | — | 适量 | |
| 5%碳酸钠 | — | 适量 | |

### 2. 实验装置

实验装置如图 3-5 所示。

## 四、实验内容

### 1. 正丁基溴化镁的制备

在 250 mL 三口烧瓶上装搅拌器、冷凝管及恒压滴液漏斗,冷凝管上口安装氯化钙干燥管

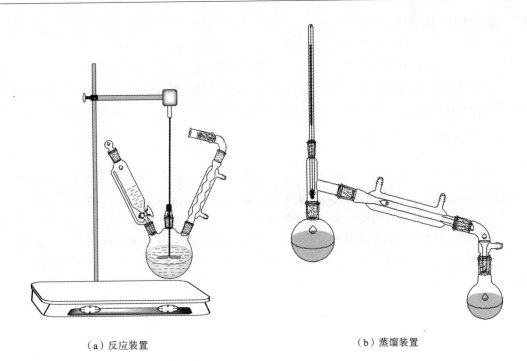

（a）反应装置　　　　　　　　　　　（b）蒸馏装置

**图 3-5　2-甲基-2-己醇的制备装置**

（所有仪器必须保证干燥），取 3.1 g 镁屑、15 mL 无水乙醚及一粒碘，加入三口烧瓶内；在滴液漏斗中，混合 13.5 mL 正溴丁烷和 15 mL 无水乙醚。向瓶内滴加约 5 mL 混合液，数分钟后溶液微沸，碘颜色消失。若不发生反应，可温水加热。反应开始剧烈，必要时可用冷水冷却，缓和后，自冷凝管上端加 25 mL 无水乙醚。搅拌，滴入剩余正溴丁烷-无水乙醚混合液，控制滴速以维持反应液微沸。滴完后，在热水浴上回流 20 min，使镁条作用完全，得到格氏试剂。

**2. 2-甲基-2-己醇的制备**

将制好的格氏试剂在冰水浴中冷却、搅拌，自滴液漏斗滴入 10 mL 丙酮和 15 mL 无水乙醚混合液，控制滴速，勿使反应过猛。加完后，室温下继续搅拌 15 min。反应瓶在冰水冷却和搅拌下，自滴液漏斗中分批加入 100 mL 10％冷的硫酸溶液（开始慢滴，后可渐快）。分解完全后，将溶液倒入分液漏斗，分出醚层。水层每次用 25 mL 乙醚萃取两次，合并醚层，用 30 mL 5％碳酸钠洗涤 1 次，分液，并用无水碳酸钾干燥。将干燥后的粗产物过滤到小烧瓶中，温水浴蒸去乙醚，再在电热套上直接加热蒸出产品，收集 137～141 ℃的馏分，产量为 7～8 g。

## 五、实验记录

| 品名 | 性状 | 沸点/℃ | 实际产量/g | 理论产量/g | 产率/(％) |
|---|---|---|---|---|---|
|  |  |  |  |  |  |

## 六、注意事项

1. 制备格氏试剂所需仪器必须干燥，反应装置需装干燥管隔绝水汽。

2. 不宜采用长期放置的镁屑。可用镁带代替镁屑，使用前用细砂纸将其表面擦亮，以去除氧化镁,剪成小段使用。

3. 乙醚易挥发,易燃,忌用明火,注意通风。

4. 为使开始时正溴丁烷局部浓度大,易于反应,搅拌在反应开始后进行。

5. 格氏反应启动能观察到很明显的反应现象:反应液由原来的棕红色(溶有碘)变成灰色;反应瞬间发生,放出大量的热,低沸点的乙醚沸腾回流。

## 七、思考题

1. 将格氏试剂与丙酮加成物水解前各步中,药品仪器为何须干燥? 采取了什么措施?

2. 反应开始前,加入大量正溴丁烷有什么不好?

3. 本实验有哪些可能的副反应,如何避免?

4. 为何得到的粗产物不能用无水氯化钙干燥? 实验中用过哪几种干燥剂?

5. 用格氏试剂法制备 2-甲基-2-己醇,还可用什么原料? 写出反应式并比较几种不同路线。

# 实验 6　三苯甲醇的制备

## 一、实验目的

1. 学习格氏试剂的制备、应用和格氏反应的条件。
2. 掌握回流、搅拌、水蒸气蒸馏等基本操作。
3. 掌握制备三苯甲醇的原理和方法。

## 二、实验原理

### 1. 格氏试剂的制备

### 2. 格氏试剂反应合成三苯甲醇

### 3. 副反应

## 三、试剂与实验装置

### 1. 试剂及用量

| 试　剂 | 规　格 | 用　量 | 预计实验时间 |
| --- | --- | --- | --- |
| 镁屑 | — | 0.75 g(0.032 mol) | |
| 溴苯(新蒸) | 分析纯 | 3.3 mL(0.032 mol) | |
| 苯甲酸乙酯 | 分析纯 | 1.9 mL(0.013 mol) | |
| 氯化铵 | 分析纯 | 4.0 g | 5 h |
| 无水乙醚 | 分析纯 | 适量 | |
| 乙醇 | 分析纯 | 适量 | |
| 碘片 | — | 适量 | |

### 2. 实验装置

实验装置分别如图 3-6 所示。

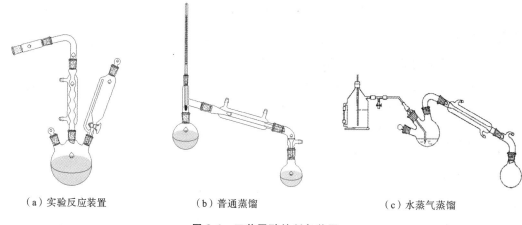

（a）实验反应装置　　　　（b）普通蒸馏　　　　　　（c）水蒸气蒸馏

**图 3-6　三苯甲醇的制备装置**

## 四、实验内容

### 1. 苯基溴化镁的制备

在干燥的 100 mL 三口烧瓶中，加入 0.75 g 镁屑、一小粒碘和搅拌磁子，烧瓶上安装带有干燥管的回流冷凝装置，在恒压滴液漏斗中混合 5 g 溴苯及 12.5 mL 乙醚，将约 1/3 的混合液由恒压滴液漏斗滴加到三口烧瓶中。几分钟后，可观察到镁屑的表面产生气泡，溶液轻微浑浊，碘的颜色开始逐渐消失。若反应较慢，可采用水浴加热或用手温热反应瓶以加快反应。若反应仍不能发生，再补加一小粒碘以诱发反应。当反应平稳后，开始搅拌，将剩余的混合液慢慢滴入反应瓶，滴加速度应保持溶液微沸状态为宜。滴加完毕后，将反应瓶置于 40 ℃ 水浴上，保持微沸回流 30 min，使镁作用完全。

### 2. 三苯甲醇的制备

用冷水浴冷却反应瓶，在搅拌下由滴液漏斗将 1.9 mL 苯甲酸乙酯与 5.0 mL 无水乙醚的混合液加入反应瓶中，滴速约为 1 滴/秒。滴加完后，将反应混合物水浴回流约 30 min，使反应完全。此时可观察到反应液明显地分为两层。

用冰水浴冷却反应瓶，在搅拌下从滴液漏斗缓慢滴加由 4 g 氯化铵配成的饱和水溶液（约 15 mL），水解加成产物。

将反应装置改为蒸馏装置，水浴上蒸去乙醚（注意蒸馏时尾接管的支管口接橡皮管并浸入水槽中）。将残留物进行水蒸气蒸馏，除去未反应完的溴苯及联苯等副产物，至馏出液无油珠。将反应瓶中的剩余物冷却后凝为固体，抽滤，得到粗产物。将粗产物用 80% 的乙醇进行重结晶，抽滤、干燥，产物约 2.0 g。

## 五、实验记录

| 品名 | 性状 | 熔点/℃ | 实际产量/g | 理论产量/g | 产率/(%) |
|------|------|--------|-----------|-----------|---------|
|      |      |        |           |           |         |

## 六、注意事项

1. 加氯化铵溶液之前,所用仪器和药品必须严格干燥处理。

2. 在冷凝管口的干燥管中装无水氯化钙时,先塞一团棉花,防止干燥剂颗粒随气体排出。

3. 滴加溴苯溶液时速度要控制好,不可过快,以免生成联苯。

4. 滴加溴苯溶液时,若体系过于黏稠可适当补加一些无水乙醚。

5. 滴加二苯甲酮与乙醚混合液后,注意观察反应液的颜色变化,应该是由原色一玫瑰红一白色的顺序变化。

6. 滴加完氯化铵溶液后,若还有固体未完全溶解,可加少许稀盐酸溶解。

## 七、思考题

1. 在对格氏试剂过夜保存时须采取什么措施? 在进行格氏反应时是否需要特殊保护?

2. 在制备苯基溴化镁时,为什么溴苯不宜加入过快?

3. 在制备三苯甲醇时,加入饱和氯化铵的目的是什么?

4. 本反应可能发生什么副反应?

5. 反应结束,可用哪些方法除去未反应完的溴苯及副产物?

# 实验 7  正丁醚的制备

## 一、实验目的

1. 掌握丁醇分子间脱水制备醚的反应原理和实验方法。
2. 学习使用分水器的操作要领。

## 二、实验原理

$$n\text{-}C_4H_9OH \xrightarrow{\quad H_2SO_4 \quad} (n\text{-}C_4H_9)_2O + H_2O$$

副反应：

$$CH_3CH_2CH_2CH_2OH \xrightarrow[\text{加热}]{\quad H_2SO_4 \quad} CH_3CH_2CH = CH_2 + H_2O$$

## 三、试剂与实验装置

### 1. 试剂及用量

| 试　　剂 | 规　　格 | 用　　量 | 预计实验时间 |
|---|---|---|---|
| 正丁醇 | 分析纯 | 15.5 mL | 6 h |
| 浓硫酸 | 分析纯 | 2.5 mL | |
| 无水氯化钙 | — | 适量 | |
| 5%氢氧化钠 | — | 适量 | |

### 2. 实验装置

实验装置如图 3-7 所示。

图 3-7  实验反应装置

## 四、实验内容

在 100 mL 三口烧瓶中,加入 15.5 mL 正丁醇、2.5 mL 浓硫酸和几粒沸石,摇匀后,一口装上温度计,温度计插入液面以下,一口装上分水器,在分水器($V$ mL)内放置($V-1.7$)mL 的水,分水器的上端接回流冷凝管。烧瓶另一口用塞子塞紧,然后将三口瓶放在石棉网上小火加热至微沸。反应中产生的水经冷凝后收集在分水器的下层,上层有机相积至分水器支管时,即可返回烧瓶。大约经过 1.5 h 后,三口瓶中反应液温度可达 134~136 ℃。当分水器全部被水充满时停止反应。若继续加热,则反应液变黑并有较多副产物烯生成。

将反应液冷却至室温后倒入盛有 25 mL 水的分液漏斗中,充分振摇,静置后弃去下层液体。上层粗产物依次用 12 mL 水、8 mL 5 ％氢氧化钠溶液、8 mL 水和 8 mL 饱和氯化钙溶液洗涤,用 1 g 无水氯化钙干燥。干燥后的产物滤入 25 mL 蒸馏瓶中蒸馏,收集 140~144 ℃的馏分,产量 3.5~4 g。

## 五、实验记录

| 品名 | 性状 | 馏分温度/℃ | 实际产量/g | 理论产量/g | 产率/(％) |
|------|------|-----------|-----------|-----------|-----------|
|      |      |           |           |           |           |

## 六、注意事项

1. 本实验是根据理论计算出生成水的体积,然后从装满水的分水器中分出,当反应生成的水正好充满分水器时,则冷凝后的醇正好溢流返回反应瓶中,从而达到自动分离、指示反应完全的目的。

2. 制备正丁醚的适宜温度是 130~140 ℃,否则易产生大量的副产物正丁烯。然而,开始回流时,很难达到此温度,这是由于正丁醚可与水形成共沸点物(沸点 94.1 ℃,含水33.4％)。此外,正丁醚与水、正丁醇易形成三元共沸物(沸点 90.6 ℃,含水 29.9％、正丁醇 34.6％)。正丁醇也可与水形成共沸物(沸点 93 ℃,含水 44.5％)。因此,应在 100~115 ℃之间反应30 min 后,才可达到 130 ℃以上。

注意:制备正丁醚的温度要严格控制在 135 ℃以下。

3. 在碱洗时不要剧烈振动,不要太剧烈地摇动分液漏斗,否则易生成乳浊液而难于分离。

4. 正丁醇溶于饱和氯化钙溶液中,而正丁醚微溶于其中。

5. 50％硫酸的配制方法:将 20 mL 浓硫酸缓慢加入到 34 mL 水中。

## 七、思考题

1. 为何要在分水器中加入饱和食盐水?

2. 试根据本实验正丁醇的用量计算应生成的水的体积。

3. 粗正丁醚中的杂质是如何除去的?在用 5％ NaOH 溶液洗涤后,用饱和 CaCl₂ 溶液洗涤之前,为何要用饱和 NaCl 溶液洗涤?

4. 本实验用 50％ $H_2SO_4$ 洗涤粗产品,为什么不用浓 $H_2SO_4$ 洗涤粗产品?

# 实验 8　环己酮的制备

## 一、实验目的

1. 学习铬酸氧化法制环己酮的原理和方法。
2. 通过环己醇转变为酮的实验,掌握醇和酮之间的联系和区别。

## 二、实验原理

实验室制备脂肪醛或脂环酮,最常用的方法是将伯醇和仲醇用铬酸氧化。仲醇用铬酸氧化是制备酮的最常用的方法。酮对氧化剂比较稳定,不易进一步氧化。铬酸氧化醇是一个放热反应,必须严格控制反应的温度,以免反应过于激烈。

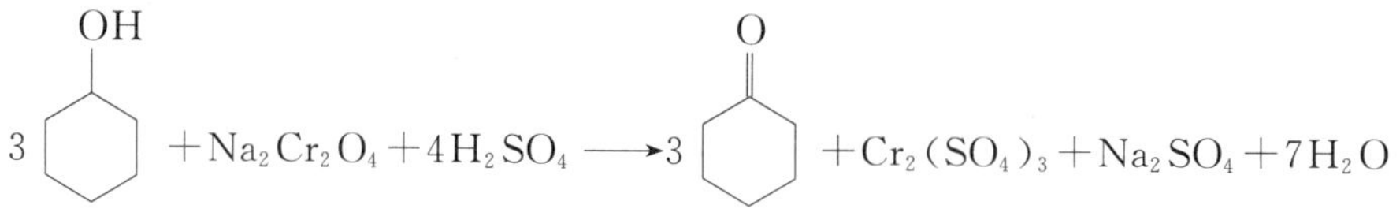

$$3\ \underset{}{\overset{OH}{\bigcirc}} + Na_2Cr_2O_4 + 4H_2SO_4 \longrightarrow 3\ \underset{}{\overset{O}{\bigcirc}} + Cr_2(SO_4)_3 + Na_2SO_4 + 7H_2O$$

## 三、试剂与实验装置

### 1. 试剂及用量

| 试　　剂 | 规　　格 | 用　　量 | 预计实验时间 |
|---|---|---|---|
| 环己醇 | 分析纯 | 10.4 mL(0.1 mol) | |
| 重铬酸钠 | 分析纯 | 10.4 g(0.035 mol) | |
| 浓硫酸 | 分析纯 | 10 mL | |
| 草酸 | 分析纯 | 0.5 g | 4 h |
| 无水硫酸镁 | 分析纯 | 适量 | |
| 精盐 | — | 适量 | |

### 2. 实验装置

实验装置如图 3-8 所示。

## 四、实验内容

在 250 mL 圆底烧瓶内,加入 60 mL 冰水,边摇边慢慢滴加 10 mL 浓硫酸,充分摇匀,再小心加入 10.4 mL 环己醇,将溶液冷却至 15 ℃。

在 100 mL 烧杯内,将 10.4 g 重铬酸钠水合物溶于 10 mL 水中。将此溶液冷却至 15 ℃,并分几批加入到环己醇的硫酸溶液中。要不断地摇动烧瓶,使反应物充分混合。第一批重铬酸钠溶液加入后,不久反应物温度自行上升,反应物由橙红色变成墨绿色。待反应物温度达到 55 ℃时,可用冷水浴适当冷却,控制反应温度在 55~60 ℃之间。待反应物的橙红色完全消失后,方可加入下一批。待重铬酸钠溶液全部加完后,继续摇动烧瓶,直至反应温度出现下降趋势。再间歇摇动 5~10 min,然后加入少量草酸(约 0.5 g),使溶液变成墨绿色,以破坏过量的

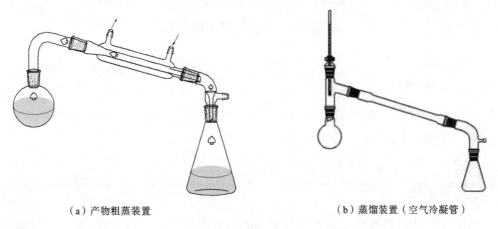

（a）产物粗蒸装置　　　　　　　　　　　　（b）蒸馏装置（空气冷凝管）

**图 3-8　环己酮的制备装置**

重铬酸钠盐。

在反应瓶内加入 50 mL 水及 2 粒沸石，改为蒸馏装置，将环己酮和水一起蒸出，共沸蒸馏温度为 95 ℃。直至馏出液不再混浊，约收集 40 mL 馏出液。向馏出液中加入约 8 g 精盐，搅拌使精盐溶解。将此液体移入分液漏斗中，静置。分离出有机层（环己酮），用无水硫酸镁干燥有机相，过滤，蒸馏，收集 151～156 ℃ 的馏分，产量约为 6 g。

## 五、实验记录

| 品名 | 性状 | 馏分温度/℃ | 实际产量/g | 理论产量/g | 产率/（%） |
|---|---|---|---|---|---|
|  |  |  |  |  |  |

## 六、注意事项

1. 本实验是一个放热反应，必须严格控制温度。

2. 反应物不宜过于冷却，以免积累未反应的铬酸。当铬酸达到一定浓度时，氧化反应会非常剧烈，有失控的危险。

3. 此蒸馏操作实质上是一种简化的水蒸气蒸馏。环己酮和水形成恒沸混合物，含环己酮 38.4%。

4. 31 ℃ 时水中环己酮的溶解度为 2.4 g/100 g。馏出液中，加入精盐的目的是为了降低环己酮的溶解度，并有利于环己酮的分层。

## 七、思考题

1. 在加重铬酸钠溶液过程中，为什么要待反应物的橙红色完全消失后，方能加入下一批重铬酸钠？用铬酸氧化法制备环己酮的实验，为什么要严格控制反应温度在 55～60 ℃ 之间，温度过高或过低有什么不好？

2. 蒸馏产物时为何要使用空气冷凝管？

3. 本实验的氧化剂能否改用硝酸或高锰酸钾？为什么？

# 实验 9　苯乙酮的制备

## 一、实验目的

1. 掌握利用弗里德-克拉夫茨(Friedel-Crafts)酰基化反应制备芳香酮的原理和方法。
2. 学习无水实验操作技术。
3. 掌握有毒气体的处理方法。

## 二、实验原理

弗里德-克拉夫茨酰基化反应是制备芳香酮最常用的方法之一。酸酐是常用的酰基化试剂,无水三氯化铁、无水三氯化铝、三氟化硼等路易斯(Lewis)酸作催化剂。此反应一般为放热反应,通常是将酰基化试剂配成溶液后,缓慢滴加到装有芳香族化合物的反应瓶中;催化性能以无水三氯化铝为最佳。本实验采用无水三氯化铝作为催化剂,苯和乙酸酐反应制备苯乙酮。

## 三、试剂与实验装置

### 1. 试剂及用量

| 试　剂 | 规　格 | 用　量 | 预计实验时间 |
|---|---|---|---|
| 乙酸酐 | 分析纯 | 2 mL(0.02 mol) | |
| 无水苯 | 分析纯 | 8 mL(0.09 mol) | |
| 无水三氯化铝 | 分析纯 | 6.5 g(0.048 mol) | |
| 浓盐酸 | — | 9 mL | 4 h |
| 石油醚 | 分析纯 | 适量 | |
| 氢氧化钠 | 分析纯 | 适量 | |
| 无水硫酸镁 | 分析纯 | 适量 | |

### 2. 实验装置

实验装置如图 3-9 所示。

## 四、实验内容

在 50 mL 干燥的三口烧瓶中,快速加入 6.5 g 无水 $AlCl_3$ 和 8 mL 无水苯,并立即装上球形冷凝管及滴液漏斗,开始搅拌。在球形冷凝管上口接上 $CaCl_2$ 干燥管,干燥管与 HCl 吸收装置连接,从滴液漏斗向三口烧瓶中慢慢滴入 2 mL(0.02 mol)乙酸酐,开始少加几滴,待反应发生后再继续滴加,约需 30 min。

注意:切勿使反应过于激烈,滴加速度以三口烧瓶稍热为宜。

水浴加热回流至反应体系不再有氯化氢气体产生为止。待反应液冷却后,倒入装有 9 mL 浓盐酸和 18 mL 碎冰的烧杯中冰解(此步在通风橱中进行)。当固体完全溶解后,倒入分液漏斗中,分出有机相和水相,水相用10 mL 石油醚分 2 次萃取,萃取液与有机相合并。依次用 8 mL 10% NaOH 水溶液和 10 mL 水各洗一次至中性,有机层用无水硫酸镁干燥。

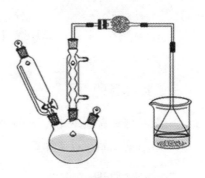

图 3-9　苯乙酮的制备装置

干燥后的粗产物在水浴上蒸出石油醚和苯后,改用空气冷凝管蒸馏。收集 198～202 ℃ 的馏分,得产品约 3.6 g。

## 五、实验记录

| 品名 | 性状 | 馏分温度/℃ | 实际产量/g | 理论产量/g | 产率/(%) |
|------|------|-----------|-----------|-----------|---------|
|      |      |           |           |           |         |

## 六、注意事项

1. 反应原料苯和生成的氯化氢有毒,实验中应尽量不让其散发到空气中。

2. 所用仪器、药品均需无水干燥,否则产率会降低。

3. 严格控制乙酸酐的滴加速度(约 7 秒一滴),滴速太快,反应不易控制,易发生危险。

4. 控制加热温度至刚好微沸回流,水温控制在 95 ℃ 为宜,以防产生的泡沫冲至冷凝管。

5. 加入盐酸,破坏苯乙酮与氯化铝形成的络合物,使苯乙酮释出,此时放出氯化氢气体和大量的热,故需慢慢地少量多次加入,且在通风橱中进行。

6. 苯溶液中少量水分随苯恒沸蒸出。

## 七、思考题

1. 本实验装置为什么要干燥? 加料为何要快速?

2. 反应完成后,为何要加入浓盐酸在冰水中进行冰解?

3. 在苯乙酮的制备中,有哪些可能的副反应?

# 实验 10　二苄叉丙酮的制备

## 一、实验目的

1. 学习克莱森-施密特(Claisen-Schmidt)缩合反应并制备二苄叉丙酮。
2. 熟悉重结晶及过滤操作。

## 二、实验原理

具有活泼氢的 α-醛酮在稀酸或稀碱的催化下发生分子间的缩合反应,生成 β-羟基醛酮。若提高反应温度,则进一步失去一分子水生成 α,β-不饱和醛酮,此反应即为羟醛缩合反应。羟醛缩合是合成 α,β-不饱和羰基化合物的重要方法,也是有机合成中增长碳链的重要反应。

羟醛缩合分为自身羟醛缩合和交叉羟醛缩合,交叉羟醛缩合物反应又称克莱森-施密特缩合反应。在苯甲醛和丙酮的交叉羟醛缩合反应中,通过改变反应物的投料比,可以得到两组不同的缩合产物。

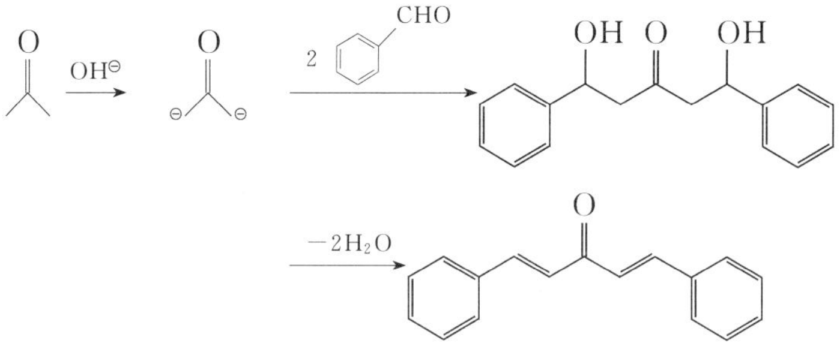

## 三、试剂及试验装置

### 1. 试剂及用量

| 试　　剂 | 规　　格 | 用　　量 | 预计实验时间 |
|---|---|---|---|
| 苯甲醛 | 分析纯 | 5.3 mL(0.05 mol) | |
| 丙酮 | 分析纯 | 1.8 mL(0.025 mol) | |
| 10%氢氧化钠 | — | 适量 | 4 h |
| 95%乙醇 | — | 适量 | |
| 10%盐酸 | — | 适量 | |

### 2. 实验装置

实验装置如图 3-10 所示。

## 四、实验内容

将新蒸的苯甲醛 5.3 mL(0.05 mol)、丙酮 1.8 mL(0.025 mol)、40 mL 95%乙醇和 50 mL 10%氢氧化钠溶液,加入到放有搅拌磁子的 250 mL 锥形瓶中,搅拌 20～30 min。抽滤,用水

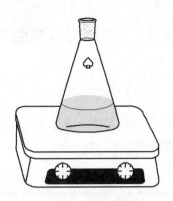

**图 3-10　二苄叉丙酮的制备装置**

洗涤固体、抽干。用 1 mL 冰醋酸和 25 mL 95％ 乙醇配成的混合液浸泡、洗涤,再用水洗涤一次。制得的二苄叉丙酮粗品为淡黄色松散的粒状晶体。制得的粗产物用 95％ 的乙醇作为溶剂,进行重结晶操作,将得到的固体干燥、称重,测熔点。熔点为 110～112 ℃。

## 五、实验记录

| 品名 | 性状 | 熔点/℃ | 实际产量/g | 理论产量/g | 产率/(％) |
|------|------|--------|-----------|-----------|-----------|
|      |      |        |           |           |           |

## 六、注意事项

1. 苯甲醛及丙酮的量应准确量取。
2. 反应温度不要太高,温度升高,副产物增多,产率下降。丙酮一定不能过量。
3. 干燥温度应控制在 50～60 ℃,以免产品熔化或分解。

## 七、思考题

1. 丙酮和苯甲醛的投料比,对该反应有什么样的影响?
2. 碱的浓度偏高,对该反应有什么影响?
3. 如果增加丙酮的实验用量,是否可以提高二苄叉丙酮的产量? 为什么?

# 实验 11　安息香的辅酶合成

## 一、实验目的

1. 学习以辅酶维生素 $B_1$ 为催化剂的安息香缩合反应的原理和实验方法。
2. 进一步掌握回流、冷却、抽滤等基本操作。
3. 了解酶催化的特点。

## 二、实验原理

安息香又称苯偶姻、二苯乙醇酮、2-羟基-2-苯基苯乙酮等,是一种重要的化工原料,广泛应用于光敏剂、燃料中间体、药物合成中间体等。通常是芳香醛在氰化钠(钾)作用下,分子间发生缩合反应生成 α-羟酮,氰离子是专一的催化剂。但氰化物是剧毒药品,对人体危害大,操作也困难。因此,20 世纪 70 年代以后,广泛使用辅酶维生素 $B_1$ 代替氰化物作催化剂进行缩合反应。安息香缩合反应最典型的例子是苯甲醛的缩合反应。

这是一个碳负离子对羰基的亲核加成反应,氰化钠(钾)是反应的催化剂,其机理如下:

$$2C_6H_5CHO \xrightarrow[\text{C}_2\text{H}_5\text{OH-H}_2\text{O}]{\text{CN}^\ominus} C_6H_5-\underset{\underset{O}{\overset{|}{\underset{H}{\overset{|}{C}}}}}{\overset{\overset{OH}{|}}{C}}-C_6H_5$$

维生素 $B_1$ 又称硫胺素或噻胺(thiamine),它是一种辅酶,作为生物化学反应的催化剂,在生命过程中起着重要作用,主要是对 α-酮酸脱羧和形成偶姻(α-羟基酮)等三种酶促反应发挥辅酶的作用。其结构如下:

绝大多数生化过程都是在特殊条件下进行的化学反应,酶的参与可以使反应更巧妙、更有效并且在更温和的条件下进行。

$$2C_6H_5CHO \xrightarrow[C_2H_5OH\text{-}H_2O]{VB_1} C_6H_5 - \overset{\displaystyle OH}{\underset{\displaystyle H}{C}} - \overset{\displaystyle}{\underset{\displaystyle O}{C}} - C_6H_5$$

## 三、试剂与实验装置

### 1. 试剂及用量

| 试　　剂 | 规　　格 | 用　　量 | 预计实验时间 |
|---|---|---|---|
| 苯甲醛(新蒸) | 分析纯 | 5 mL(0.05 mol) | |
| 维生素 $B_1$(硫胺素) | 分析纯 | 0.9 g | |
| 95％乙醇 | — | 适量 | 5 h |
| 10％氢氧化钠溶液 | — | 适量 | |

### 2. 实验装置

实验装置如图 3-11 所示。

## 四、实验内容

在 50 mL 圆底烧瓶中依次加入 0.9 g 维生素 $B_1$、2.5 mL 蒸馏水,摇匀溶解,再加入 7.5 mL 95％乙醇,将烧瓶置于冰水浴中冷却。同时取 10％NaOH 溶液 2.5 mL 于一支试管中也置于冰水浴中冷却。然后在冰浴下将 10％NaOH 溶液逐滴加入圆底烧瓶中(10 min 内加完),并不断摇荡,调节溶液 pH 值为 9～10,此时溶液呈黄色。去掉冰水浴,加入 5 mL 新蒸的苯甲醛,装上回流冷凝管,加几粒沸石,将混合物置于水浴上温热 1.5 h,水浴温度保持在 60～75 ℃(切勿将混合物加热至剧烈沸腾),此时反应混合物呈橘黄或橘红色均相溶液。

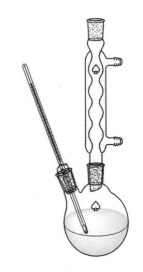

图 3-11　安息香的辅酶合成装置

将反应混合物冷至室温后用冰水冷却,使结晶析出完全,晶体为浅黄色(若产物呈油状物析出,应重新加热使其变成均相,再慢慢冷却,重新结晶)。抽滤,并用冷水洗涤晶体,干燥,称重。

粗产物可用 95 ％ 乙醇重结晶。如产物呈黄色,可用少量活性炭脱色。纯安息香为白色针状结晶,熔点为 134～136 ℃。产量约为 2 g。

## 五、实验记录

| 品名 | 性状 | 熔点/℃ | 实际产量/g | 理论产量/g | 产率/(％) |
|---|---|---|---|---|---|
| | | | | | |

## 六、注意事项

1. 维生素 $B_1$ 在氢氧化钠溶液中噻唑环易开环失效,因此反应前维生素 $B_1$ 溶液及氢氧化钠溶液必须用冰水冷透。

2. pH 值是本实验成败的关键,太高或太低均影响产率,氢氧化钠溶液用滴管滴加到反应液中,同时检测反应液使其 pH 值在 9～10 之间。

3. 在沸腾的 95％乙醇中产物的溶解度为 12～14 g/100 g,必要时可加入少量活性炭脱色。

## 七、思考题

1. 苯甲醛使用前为什么要蒸馏?

2. 为什么维生素 $B_1$ 可以替代氰化钾?

3. 为什么要向维生素 $B_1$ 溶液中加入氢氧化钠?为什么要控制 pH 值在 9～10 之间?

# 实验 12　己二酸的制备

## 一、实验目的

1. 学习用硝酸氧化环己醇制备己二酸的原理和方法。
2. 掌握尾气吸收、过滤等操作技能。

## 二、实验原理

环己醇为仲醇,在较温和的氧化条件下,被氧化为环己酮。硝酸作为强氧化剂,可将环己酮进一步氧化,得到开环的氧化产物己二酸。

$$\xrightarrow{\text{HNO}_3} \text{HOOCCH}_2\text{CH}_2\text{CH}_2\text{CH}_2\text{COOH}$$

## 三、试剂与实验装置

### 1. 试剂及用量

| 试　剂 | 规　格 | 用　量 | 预计实验时间 |
|---|---|---|---|
| 浓硝酸 | 分析纯 | 10 mL | |
| 环己醇 | 分析纯 | 4.2 mL | 4 h |
| 石油醚 | 分析纯 | 2 mL | |

### 2. 实验装置

实验装置,如图 3-12 所示。

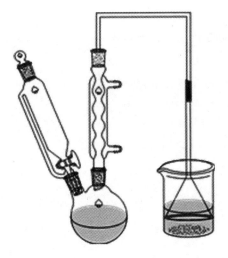

**图 3-12　己二酸的制备装置**

## 四、实验内容

50 mL 的两口圆底烧瓶中依次装上冷凝管、恒压滴液漏斗和温度计。在烧瓶中加入 10 mL 水、10 mL 浓硝酸,混合均匀,并在水浴中加热至 50 ℃。移去水浴,在恒压滴液漏斗中加入 4.2 mL 环己醇。缓慢滴加 5～6 滴环己醇,摇动至反应开始,即有红棕色二氧化氮气体放出。控制滴速,将剩余的环己醇滴加完,维持反应温度在 50～60 ℃。当环己醇全部加入后,混合物在 80～90 ℃ 的水浴继续加热约 15 min,使其充分反应,无红棕色气体逸出时,反应即为结束。

将反应物倒入 50 mL 的烧杯中冷却、结晶,析出的晶体经布氏漏斗抽滤,分别用 3 mL 水、2 mL 石油醚洗涤滤饼。最后干燥,称重。

## 五、实验记录

| 品名 | 性状 | 熔点/℃ | 实际产量/g | 理论产量/g | 产率/(%) |
|------|------|--------|-----------|-----------|----------|
|      |      |        |           |           |          |

## 六、注意事项

1. 环己醇和硝酸切不可用同一量筒量取,以防两者相遇发生剧烈反应而爆炸。

2. 环己醇为黏稠的液体,为减少转移的损失,可用少量水冲洗量筒,并加入滴液漏斗中。

3. 实验产生的二氧化氮气体有毒,所以装置要求严密不漏气,并要做好尾气吸收。

4. 该反应是强放热反应,应严格控制反应温度,否则不但影响产率,有时还会发生爆炸事故。控制环己醇的滴加速度是制备己二酸实验的关键。

5. 反应完毕后,要趁热倒出反应液。若任其冷却至室温,己二酸就有结晶析出,不易倒出,造成产品的损失。

## 七、思考题

1. 为什么本实验在加入环己醇之前要预先加热?实验开始时加料速度较慢,待反应开始后可以适当提高加料速度?

2. 为什么必须严格控制氧化反应的温度?

3. 实验中采取了哪些措施来控制反应温度?

# 实验 13　肉桂酸的制备

## 一、实验目的

1. 熟悉普尔金(Perkin)反应的原理,了解肉桂酸的制备原理。
2. 掌握回流装置的安装及回流操作的控制方法。
3. 学习从复杂体系中分离出产物的操作方法。

## 二、反应原理

芳香醛和酸酐在碱性催化剂存在下,可发生类似于羟醛缩合的反应,生成 α、β 不饱和芳香酸,称为普尔金反应。催化剂通常是用相应酸酐的羧酸钾或钠,有时也可用 $K_2CO_3$ 或叔胺代替,典型的例子是肉桂酸的制备。

$$\bigcirc\!\!\!\!-CHO + (CH_3CO)_2O \xrightarrow[170\sim180\ ℃]{CH_3COOK} \bigcirc\!\!\!\!-CH\!=\!CH\!-\!COOH + CH_3COOH$$

碱的作用是夺取酸酐的 α 氢原子,使 α 碳原子成为碳负离子,接着碳负离子与芳醛上的羰基碳原子发生亲核加成,再经 β 消去反应,产生肉桂酸盐。反应完成后,从母液体系中分离出产物的操作方法和技巧,是本实验的另一个重点。苯甲醛具强刺激性气味,取用和处置需特别注意密闭,以严控挥发量。

产物肉桂酸是生产冠心病药物"心可安"的重要中间体,其酯类衍生物是配制香精和食品香料的重要原料,它在农用塑料和感光树脂等精细化工产品的生产中也有着广泛的应用。

## 三、试剂与实验装置

### 1. 试剂及用量

| 试　剂 | 规　格 | 用　量 | 预计实验时间 |
|---|---|---|---|
| 苯甲醛 | 分析纯 | 2.5 mL(0.025 mol) | |
| 无水醋酸钾 | 分析纯 | 2.5 g(0.025 mol) | |
| 乙酸酐 | 分析纯 | 7.1 mL(0.075 mol) | |
| 活性炭 | 分析纯 | 适量 | 4 h |
| 无水碳酸钠 | 分析纯 | 适量 | |
| 浓盐酸 | 分析纯 | 适量 | |

### 2. 实验装置

实验装置如图 3-13 所示。

## 四、实验内容

在 250 mL 三口烧瓶中加入 2.5 g 研细的无水醋酸钾、2.5 mL 新蒸馏的苯甲醛、7.1 mL 乙酸酐,摇动使其混合均匀。三口烧瓶中间口接上冷凝管,空气冷凝即可,其中一个侧口装温

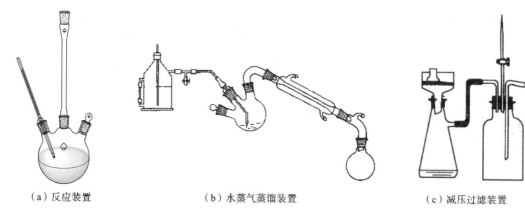

（a）反应装置　　　　　　　　　（b）水蒸气蒸馏装置　　　　　　　（c）减压过滤装置

**图 3-13　肉桂酸的制备装置**

度计,另一个侧口用塞子塞上。用加热套低电压温和加热,使反应液温度计指示在 140～150 ℃ 的范围内,保持温和回流。如果加热过于激烈,易使生成的肉桂酸脱羧生成苯乙烯,苯乙烯在此温度下聚合生成焦油。50 min 后停止加热,冷却至室温。

将 7 g 碳酸钠溶于 60 mL 水中,溶解后,加入三口瓶中,摇动烧瓶进行中和,使溶液呈弱碱性,控制 pH 值为 8 较合适,可补加 1～3 g 碳酸钠。可观察到母液体系分为油相和水相,产物以肉桂酸钠的形式存在于水相中。

油相和水相的分离(a)和(b)法任选。

(a) 水蒸气夹带法:采用蒸馏装置,先让残存在油相中的苯甲醛随水蒸气离开母液并收集,再向体系中加入 2～3 g 活性炭并加热,以吸附剩余油相(焦油等),通过菊花滤纸过滤,将水相转移至干净的 200 mL 烧杯中。

(b) 吸附法:向体系中加入 6 g 活性炭后,采用回流装置,温和加热至接近沸腾(85 ℃左右),让活性炭充分吸附油相,冷却至室温,通过菊花滤纸过滤,将水相转移至干净的 200 mL 烧杯中。

缓慢地用大约 10 mL 浓盐酸进行酸化,至 pH 值为 3。冷却静置,等待肉桂酸慢慢充分结晶,然后进行减压过滤。停止减压后,晶体用少量冷水浸润、洗涤,继续减压把水分抽干。若产物颜色较深,可用大约 40 mL 水(参照上述方法)进行重结晶操作,碳酸钠、浓盐酸用量由 pH 值确定,活性炭用量为 2.0 g。最后,在 100 ℃ 以下干燥,可得 1.0～1.5 g 产品。

## 五、实验记录

| 品名 | 性状 | 熔点/℃ | 实际产量/g | 理论产量/g | 产率/(%) |
|------|------|--------|-----------|-----------|---------|
|      |      |        |           |           |         |

## 六、注意事项

1. 所用仪器须干燥。因乙酸酐遇水能水解成乙酸,无水 CH₃COOK 吸水性很强,遇水失去催化作用,影响反应的进行。

2. 加热回流,控制反应呈微沸状态即可,如果反应液激烈沸腾易使乙酸酐蒸气从冷凝管送出,还会使生成的肉桂酸脱羧生成苯乙烯,苯乙烯在此温度下聚合生成焦油。反应时间过长,也会生成苯乙烯低聚物。

## 七、思考题

1. 热过滤前的母液中含有哪些组分?

2. 制备肉桂酸时,往往出现焦油,它是怎样产生的? 又是如何除去的?

3. 在肉桂酸的制备实验中,能否用浓 NaOH 溶液代替碳酸钠溶液来中和水溶液?

4. 具有何种结构的醛能进行普尔金反应?

5. 反应中,如果使用与酸酐不同的羧酸盐,会得到两种不同的芳香丙烯酸,为什么?

6. 苯甲醛和丙酸酐在无水丙酸钾存在下相互作用会得到什么产物? 写出反应式。

# 实验 14　　乙酰水杨酸的制备

## 一、实验目的

1. 掌握水杨酸酯化反应的原理及实验操作。
2. 巩固用重结晶方法提纯有机物。
3. 学习乙酰水杨酸纯度的鉴定方法。

## 二、实验原理

乙酰水杨酸又名阿斯匹林(aspirin),作为一个有效的解热止痛、治疗感冒的药物,至今仍广泛使用。阿斯匹林是由水杨酸(邻羟基苯甲酸)与乙酸酐进行酯化反应而得的。水杨酸是一种具有双官能团(酚羟基和羧基)的化合物,羧基和羟基都可以发生酯化,且可形成分子内氢键,阻碍酰化和酯化反应的发生。将水杨酸与乙酸酐作用,通过乙酰化反应,使水杨酸分子中酚羟基上的氢原子被乙酰基取代,生成乙酰水杨酸。加入少量浓磷酸作催化剂,其作用是破坏水杨酸分子中羧基与酚羟基间形成的氢键,从而使酰化反应更易完成。最后用乙醇和水析出晶体,并进行重结晶。其反应式为:

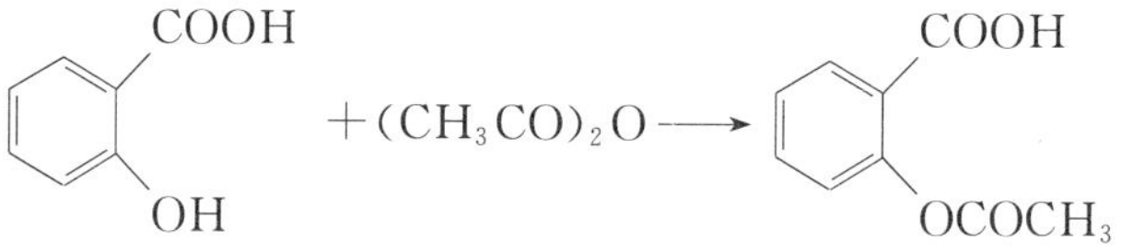

## 三、试剂与实验装置

### 1. 试剂及用量

| 试　　剂 | 规　　格 | 用　　量 | 预计实验时间 |
| --- | --- | --- | --- |
| 水杨酸 | 分析纯 | 2.67 g(0.019 mol) | |
| 乙酸酐 | 分析纯 | 5.1 g(0.05 mol) | |
| 乙醇 | 分析纯 | 适量 | 3 h |
| 磷酸 | 分析纯 | 适量 | |

### 2. 实验装置

实验装置如图 3-14 所示。

## 四、实验内容

称取 2.67 g 水杨酸置于 50 mL 圆底烧瓶中,加入 5.1 g 乙酸酐和 5～7 滴浓磷酸,小心振摇混匀,加入 1～2 粒沸石,装上球形冷凝管在 80 ℃ 左右的水浴中加热并保温 15 min。取出锥形瓶,边摇边滴加 1 mL 冷蒸馏水,然后快速加入 20 mL 冷蒸馏水,立即放入冰浴中冷却。若无晶体或出现油状物,可用玻棒摩擦内壁(注意必须在冰水浴中进行)。待晶体完全析出后用布氏漏斗抽滤,用少量冰蒸馏水分 2 次洗涤锥形瓶后,再洗涤晶体,抽干。

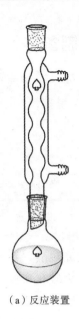
（a）反应装置

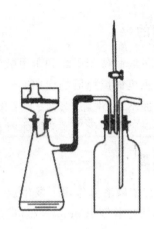
（b）减压过滤装置

图 3-14　乙酰水杨酸的制备装置

晶体放入 50 mL 的圆底烧瓶中,加入 10 mL 95％乙醇及 1～2 颗沸石,接上冷凝管在水浴中加热溶解后,移去火源,取下锥形瓶,滴入冷蒸馏水至沉淀析出,再加入 2 mL 冷蒸馏水,析出完全后,抽滤,以少量冷蒸馏水洗涤晶体 2 次,抽干,取出晶体,用滤纸压干,移入干的小烧杯中,于 80 ℃干燥箱中干燥 40 min 后,冷却,称重。产品为白色结晶性粉末。

取少量粗品乙酰水杨酸(用乙醇溶解),滴入三氯化铁 1～2 滴,观察颜色变化,鉴定产品纯度。

## 五、实验记录

| 品名 | 性状 | 熔点/℃ | 实际产量/g | 理论产量/g | 产率/(％) |
| --- | --- | --- | --- | --- | --- |
|  |  |  |  |  |  |

## 六、注意事项

1. 仪器要全部干燥,药品也要干燥处理,酸酐要使用新增的,收集 139～140 ℃的馏分。

2. 本实验中要注意控制好反应的温度(水温小于 90 ℃),否则将增加副产物的生成,比如水杨酰水杨酸、乙酰水杨酸酐等。

## 七、思考题

1. 反应容器为什么要干燥无水?

2. 水杨酸与乙酸酐的反应过程中,浓磷酸的作用是什么?

3. 如何检验产品中是否还有水杨酸?

4. 本实验可能产生哪些副产物?如何除去?

# 实验 15　苯甲酸与苯甲醇的制备

## 一、实验目的

1. 学习由苯甲醛制备苯甲醇和苯甲酸的原理和方法。
2. 进一步熟悉机械搅拌器的使用。
3. 进一步掌握萃取、洗涤、蒸馏、干燥和重结晶等基本操作。
4. 全面复习巩固有机化学实验基本操作技能。

## 二、实验原理

无 $\alpha$-H 的醛在浓碱溶液作用下发生反应，一分子醛被氧化成羧酸，另一分子醛则被还原成醇，此反应称为康尼扎罗（Cannizzaro）反应（有机化学中又称为歧化实验）。本实验采用苯甲醛在浓氢氧化钠溶液中发生康尼扎罗反应，制备苯甲醇和苯甲酸。其反应式如下：

$$2 \quad \text{C}_6\text{H}_5\text{CHO} + \text{NaOH} \longrightarrow \text{C}_6\text{H}_5\text{CH}_2\text{OH} + \text{C}_6\text{H}_5\text{COONa}$$

$$\text{C}_6\text{H}_5\text{COONa} + \text{HCl} \longrightarrow \text{C}_6\text{H}_5\text{COOH} + \text{NaCl}$$

## 三、试剂与实验装置

### 1. 试剂及用量

| 试　　剂 | 规　　格 | 用　　量 | 预计实验时间 |
|---|---|---|---|
| 苯甲醛 | 分析纯 | 10 mL(0.10 mol) | |
| 氢氧化钠 | 分析纯 | 8 g(0.20 mol) | |
| 浓盐酸 | 分析纯 | 适量 | |
| 乙醚 | 分析纯 | 适量 | 4 h |
| 亚硫酸氢钠 | 分析纯 | 适量 | |
| 碳酸钠 | 分析纯 | 适量 | |
| 无水硫酸镁 | 分析纯 | 适量 | |

### 2. 实验装置

实验装置如图 3-15 所示。

## 四、实验内容

本实验制备苯甲醇和苯甲酸，采用机械搅拌下的加热回流装置，如图 3-15 所示。

在 250 mL 三口烧瓶的两口上安装机械搅拌器及回流冷凝管，剩余的一口塞住，加入 8 g 氢氧化钠和 30 mL 水，搅拌溶解，稍冷，加入 10 mL 新蒸过的苯甲醛。开启搅拌器，调整转速，使搅拌平稳进行，加热回流约 40 min，停止加热。从球形冷凝管上口缓缓加入冷水 20 mL，摇动均匀，冷却至室温。

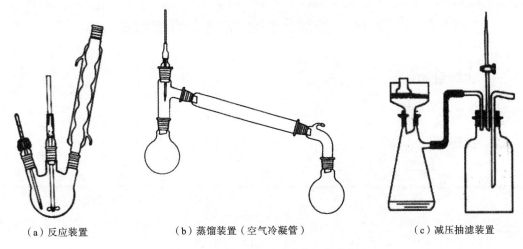

（a）反应装置　　　　　　　（b）蒸馏装置（空气冷凝管）　　　　　　（c）减压抽滤装置

**图 3-15　苯甲酸与苯甲醇的制备装置**

反应物冷却至室温后,倒入分液漏斗,用乙醚萃取 3 次,每次 10 mL,水层保留待用,合并 3 次的乙醚萃取液。依次用 5 mL 饱和亚硫酸氢钠、10 mL 10% 碳酸钠溶液和 10 mL 水洗涤, 分出醚层,倒入干燥的锥形瓶,加入无水硫酸镁干燥,注意锥形瓶上要加塞。安装好低沸点液 体的蒸馏装置,缓缓加热蒸出乙醚(回收)。升高温度蒸馏,当温度升到 140 ℃时改用空气冷凝 管,收集 198～204 ℃的馏分,即为苯甲醇。测量体积,回收,并计算产率。

将上述保留的水层慢慢地加入到盛有 30 mL 浓盐酸和 30 mL 水的混合物中,同时用玻璃 棒搅拌,析出白色固体,冷却,抽滤,得到粗苯甲酸。粗苯甲酸用水作溶剂重结晶,并加活性炭 脱色。产品在红外灯下干燥后称重、回收,计算产率。

## 五、实验记录

| 品名 | 性状 | 熔点/℃ | 实际产量/g | 理论产量/g | 产率/(%) |
|------|------|--------|------------|------------|----------|
|      |      |        |            |            |          |

## 六、注意事项

1. 乙醚的沸点低、闪点低,易燃,必须在近旁没有任何种类的明火时才能使用乙醚。蒸馏乙醚 时,可在接引管支管上连接一长橡皮管通入水槽的下水管内或引出室外,接收器用冷水浴冷却。

2. 结晶提纯苯甲酸可用水作溶剂,80 ℃时苯甲酸在水中的溶解度为 2.2 g/100 g。

## 七、思考题

1. 试分析康尼扎罗反应与羟醛缩合反应中,参与反应的醛在结构上有何不同?

2. 本实验中两种产物是根据什么原理分离提纯的? 用饱和亚硫酸氢钠及 10% 碳酸钠溶 液洗涤的目的是什么?

3. 乙醚萃取后剩余的水溶液,用浓盐酸酸化到中性是否最恰当? 为什么?

4. 为什么要用新蒸过的苯甲醛? 长期放置的苯甲醛含有什么杂质? 如不除去,对本实验 有何影响?

# 实验 16　呋喃甲酸和呋喃甲醇的制备

## 一、实验目的

复习康尼扎罗反应。

## 二、实验原理

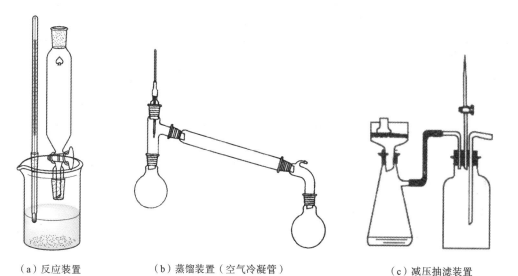

## 三、试剂与实验装置

### 1. 试剂及用量

| 试　　剂 | 规　　格 | 用　　量 | 预计实验时间 |
|---------|---------|---------|------------|
| 呋喃甲醛 | 分析纯 | 19.2 g(0.2 mol) | |
| 氢氧化钠 | 分析纯 | 7.2 g(0.18 mol) | |
| 浓盐酸 | 分析纯 | 适量 | 4 h |
| 乙醚 | 分析纯 | 适量 | |
| 无水硫酸镁 | 分析纯 | 适量 | |

### 2. 实验装置

实验装置如图 3-16 所示。

（a）反应装置　　　　　（b）蒸馏装置（空气冷凝管）　　　　　（c）减压抽滤装置

图 3-16　呋喃甲酸和呋喃甲醇的制备装置

## 四、实验内容

在 150 mL 烧杯中,加入 7.2 g 氢氧化钠及 14.5 mL 水,搅拌(可用磁力搅拌)使氢氧化钠溶解,将配制好的氢氧化钠溶液用冰水冷却至 5 ℃左右,然后在不断搅拌下由恒压滴液漏斗滴入 19.2 g 新蒸馏过的呋喃甲醛,20~30 min 滴加完毕,控制温度在 8~15 ℃之间,滴加完后在该温度范围内间歇搅拌 30 min,反应混合物呈黄色浆状。

在搅拌下加入适量的水使浆状物恰好全部溶解,这时溶液呈暗褐色。将溶液倒入分液漏斗中,每次以 15 mL 乙醚萃取,萃取 4 次,保存萃取过的水溶液。合并萃取液,用无水硫酸镁干燥后,用 100 mL 蒸馏烧瓶在热水浴上用普通蒸馏装置先蒸出乙醚(严禁明火),然后再蒸馏呋喃甲醇,收集 169~172 ℃的馏分,产量为 7~7.5 g。

呋喃甲醇为无色液体,沸点为 170 ℃/760 mmHg(101 kPa)。$d_4^{20}$ 1.1296,$n_D^{20}$ 1.4868。

经乙醚萃取后的水溶液内主要含呋喃甲酸,可在搅拌下慢慢用浓盐酸酸化,至使刚果红试纸变蓝,水浴冷却,使呋喃甲酸完全析出,用布氏漏斗抽滤,用少量水洗涤产品 1~2 次。粗产品可用水进行重结晶,得到的呋喃甲酸为白色针状晶体,熔点为 129~130 ℃,产量为 7~8 g。呋喃甲酸为白色针状晶体,熔点为 133 ℃。

## 五、实验记录

| 品名 | 性状 | 熔点/℃ | 沸点/℃ | 实际产量/g | 理论产量/g | 产率/(%) |
|------|------|--------|--------|-----------|-----------|---------|
|      |      |        |        |           |           |         |

## 六、注意事项

1. 呋喃甲醛久置易呈棕褐色,使用前需要蒸馏,蒸馏时收集 156~160 ℃的馏分,纯产品为无色或淡黄色液体。

2. 用磁力搅拌或玻璃棒人工搅拌。这个反应是在两相中进行的,必须充分搅拌才能使两相充分接触而使反应正常进行。

3. 反应温度要控制好,若低于 8 ℃,则反应太慢;若高于 15 ℃,则反应温度极易上升而难于控制,反应物会变成深红色。故在接近 10 ℃时要缓慢滴加,超过 10 ℃时可暂停滴加。本反应也可用将氢氧化钠溶液滴加到呋喃甲醛中的方法。两者产率相仿。

4. 反应过程中,会有许多呋喃甲酸钠析出。加水溶解,可使黄色浆状物转为溶液。若加水过多,会导致部分产物损失。

## 七、思考题

1. 根据什么原理来分离提纯呋喃甲醇和呋喃甲酸?

2. 在反应过程中析出的黄色浆状物是什么?

3. 乙醚萃取过的水溶液,若用 50%硫酸酸化,是否合适?

4. 为什么盐酸酸化是影响产物产率的关键? 应如何保证完成?

# 实验 17 乙酸乙酯的制备

## 一、实验目的

1. 掌握乙酸乙酯的制备原理及方法,掌握可逆反应提高产率的措施。
2. 掌握分馏的原理及分馏柱的作用。
3. 进一步练习并熟练掌握液体产品的纯化方法。

## 二、实验原理

乙酸乙酯的合成方法很多,如可由乙酸或其衍生物与乙醇反应制取,也可由乙酸钠与卤乙烷反应来合成等,其中最常用的方法是,在酸催化下由乙酸和乙醇直接酯化法。常用浓硫酸、氯化氢、对甲苯磺酸或强酸性阳离子交换树脂等作催化剂。若用浓硫酸作催化剂,其用量是醇的 3% 即可。

主反应:

$$CH_3COOH + CH_3CH_2OH \underset{}{\overset{H_2SO_4}{\rightleftharpoons}} CH_3COOCH_2CH_3 + H_2O$$

副反应:

$$2CH_3CH_2OH \underset{}{\overset{H_2SO_4}{\rightleftharpoons}} CH_3CH_2OCH_2CH_3 + H_2O$$

$$CH_3CH_2OH \xrightarrow{H_2SO_4} CH_2\!=\!CH_2 + H_2O$$

酯化反应为可逆反应,提高产率的措施为:一方面加入过量的乙醇,另一方面在反应过程中不断蒸出生成的产物和水,促进平衡向生成酯的方向移动。但是,酯和水或乙醇的共沸物沸点与乙醇接近,为了能蒸出生成的酯和水,又尽量使乙醇少蒸出来,本实验采用了较长的分馏柱进行分馏。

## 三、试剂与实验装置

### 1. 试剂及用量

| 试 剂 | 规 格 | 用 量 | 预计实验时间 |
|---|---|---|---|
| 冰醋酸 | 分析纯 | 8.0 mL(0.14 mol) | |
| 乙醇 | 分析纯 | 14 mL(0.23 mol) | |
| 氯化钠 | 分析纯 | 适量 | |
| 碳酸钠 | 分析纯 | 适量 | 4 h |
| 无水碳酸钾 | 分析纯 | 适量 | |
| 浓硫酸 | 分析纯 | 适量 | |

### 2. 实验装置

实验装置如图 3-17 所示。

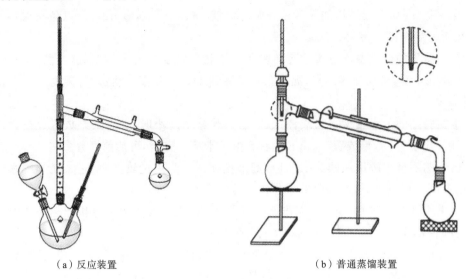

（a）反应装置　　　　　　　　　　　　（b）普通蒸馏装置

**图 3-17　乙酸乙酯的制备装置**

## 四、实验内容

在 100 mL 三口瓶中，加入 4 mL 乙醇，摇动下慢慢加入 5 mL 浓硫酸，使其混合均匀，并加入几粒沸石。三口瓶一侧口插入温度计，另一侧口插入滴液漏斗，漏斗末端应浸入液面以下，中间口安装一长的刺形分馏柱。在滴液漏斗内加入 10 mL 乙醇和 8 mL 冰醋酸，混合均匀，先向瓶内滴入约 2 mL 的混合液，然后将三口瓶在石棉网上小火加热到 110～120 ℃，这时蒸馏管口应有液体流出，再至滴液漏斗慢慢滴入其余的混合液，控制滴加速度和馏出速度大致相等，并维持反应温度在 110～125 ℃ 之间，滴加完毕后，继续加热 10 min，直至温度升高到 130 ℃，不再有馏出液为止。

馏出液中含有乙酸乙酯，以及少量乙醇、乙醚、水和醋酸等。在摇动下，慢慢向粗产品中加入饱和的碳酸钠溶液（约 6 mL）至无二氧化碳气体放出，酯层用 pH 试纸检验呈中性。移入分液漏斗中，充分振摇（注意及时放气）后静置，分去下层水相。酯层用 10 mL 饱和食盐水洗涤后，再每次用 10 mL 饱和氯化钙溶液洗涤 2 次，弃去下层水相，将酯层由漏斗上口倒入干燥的锥形瓶中，用无水碳酸钾干燥。将干燥后的粗乙酸乙酯小心倾入 60 mL 的梨形蒸馏瓶中（切勿让干燥剂进入瓶中），水浴蒸馏，收集 73～80 ℃ 的馏分，产量为 5～8 g。

## 五、实验记录

| 品名 | 性状 | 沸点/℃ | 实际产量/g | 理论产量/g | 产率/(%) |
| --- | --- | --- | --- | --- | --- |
|  |  |  |  |  |  |

## 六、注意事项

1. 加料滴管和温度计必须插入反应混合液中,加料滴管的下端离瓶底约 5 mm 为宜。

2. 加浓硫酸时,必须慢慢加入并充分振荡烧瓶,使其与乙醇均匀混合,以免在加热时因局部酸过浓而引起有机物炭化等副反应。

3. 反应瓶里的反应温度可通过滴加速度来控制。温度接近 125 ℃,适当滴加快一点;温度降到接近 110 ℃,可滴加慢一点;温度正好下降到 110 ℃ 时停止滴加;待温度升到 110 ℃ 以上时,再滴加。

4. 本实验酯的干燥用无水碳酸钾,通常至少干燥半个小时以上,最好放置过夜。但在本实验中,为了节省时间,可放置 10 min 左右。由于干燥不完全,可能前馏分多些。

5. 硫酸的用量为醇用量的 3% 时即能起催化作用。当用量较多时,它又能起脱水作用而增加酯的产率。但过多时,高温时的氧化作用对反应不利。

6. 当采用油浴加热时,油浴的温度在 135 ℃ 左右,也可改为小火直接加热法。但反应液的温度必须控制在 120 ℃ 以下,否则副产物乙醚会更多。

7. 在馏出液中除了醋酸和水外,还有少量未反应的乙醇和乙酸及副产物乙醚,故必须用碱来除去其中的乙酸,用饱和氯化钙溶液来除去未反应的乙醇,否则会影响到酯的产率。

8. 当酯层用碳酸钠洗过后,若紧接着就用氯化钙溶液洗涤,有可能产生絮状的碳酸钙沉淀,使进一步分离变得困难,故在这两步操作之间必须水洗一下。由于乙酸乙酯在水中有一定的溶解度,为了尽可能减少由此造成的损失,所以要用饱和食盐水来进行水洗。

9. 乙酸乙酯与水或乙醇可分别生成共沸混合物,若三者共存则生成三元共沸混合物。因此,酯层中的乙醇不除净或干燥不够时,易形成低沸点的共沸混合物,从而影响到酯的产率。

## 七、思考题

1. 浓硫酸的作用是什么?为什么要加入沸石,应加入多少?

2. 为什么要使用过量的醇,能否使用过量的酸?

3. 为什么维持反应液温度在 120 ℃ 左右?实验中,饱和碳酸钠溶液的作用是什么?

# 实验 18　乙酸正丁酯的制备

## 一、实验目的

1. 熟悉醇和酸反应制备酯的方法。
2. 掌握分水器的操作。

## 二、实验原理

$$CH_3COOH + n\text{-}C_4H_9OH \Longrightarrow CH_3COO(CH_2)_3CH_3 + H_2O$$

## 三、试剂与实验装置

### 1. 试剂及用量

| 试　　剂 | 规　　格 | 用　　量 | 预计实验时间 |
| --- | --- | --- | --- |
| 正丁醇 | 分析纯 | 9.3 g(0.125 mol) | |
| 冰醋酸 | 分析纯 | 7.5 g(0.125 mol) | |
| 浓硫酸 | 分析纯 | 适量 | 4 h |
| 碳酸钠 | 分析纯 | 适量 | |
| 无水硫酸镁 | 分析纯 | 适量 | |

### 2. 实验装置

实验装置如图 3-18 所示。

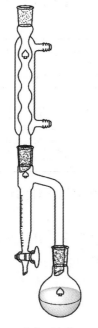
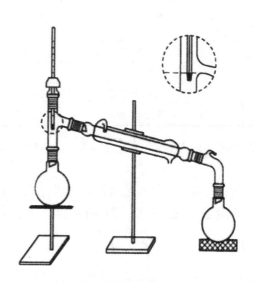

（a）反应装置　　　　　　　　　　　　（b）普通蒸馏装置

**图 3-18　乙酸正丁酯的制备装置**

## 四、实验内容

在干燥的 50 mL 圆底烧瓶中,装入 11.5 mL 正丁醇和 7.2 mL 冰醋酸,再加入 3～4 滴浓硫酸,混合均匀,投入沸石,然后安装分水器及回流冷凝管,并在分水器中预先加水至略低于支管口,如图 3-18 所示。在石棉网上加热回流,反应一段时间后把水逐渐分去,并保持分水器中水层液面在原来的高度。约 40 min 后不再有水生成,表示反应完毕。停止加热,记录分出的水量。冷却,卸下回流冷凝管,把分水器中分出的有机相和圆底烧瓶中的反应液一起倒入分液漏斗中,用 10 mL 水洗涤,分去水层。有机相用 10 mL 10％的碳酸钠溶液洗涤,检验是否仍有酸性(如仍有酸性怎么办),分去水层。将有机相再用 10 mL 水洗涤一次,分去水层,将有机相倒入小锥形瓶中,加少量无水硫酸镁干燥。

将干燥后的乙酸正丁酯过滤,除去硫酸镁,滤液倒入干燥的 30 mL 蒸馏烧瓶中进行蒸馏,收集 124～126 ℃的馏分,产量为 10～11 g。前后馏分倒入指定的回收瓶中。

## 五、实验记录

| 品名 | 性状 | 沸点/℃ | 实际产量/g | 理论产量/g | 产率/(％) |
|------|------|--------|-----------|-----------|-----------|
|      |      |        |           |           |           |

## 六、注意事项

1. 浓硫酸在反应中起催化作用,故只需少量。滴加浓硫酸时,要边加边摇,以免局部炭化,必要时可用冷水冷却。

2. 本实验利用恒沸混合物除去酯化反应中生成的水。正丁醇、乙酸正丁酯和水形成几种恒沸混合物如下表所示。含水的恒沸混合物冷凝为液体时,分为两层。其中,上层为含少量水的酯和醇,下层为水层。

| 恒沸混合物 | | 沸点/℃ | 组成的质量分数/(％) | | |
|----|----|----|----|----|----|
| | | | 乙酸正丁酯 | 正丁醇 | 水 |
| 二元 | 乙酸正丁酯、水 | 90.7 | 72.9 | — | 27.1 |
| | 正丁醇、水 | 93.0 | — | 55.5 | 44.5 |
| | 乙酸正丁酯、正丁醇 | 117.6 | 32.8 | 67.2 | — |
| 三元 | 乙酸正丁酯、正丁醇、水 | 90.7 | 63.0 | 8.0 | 29.0 |

3. 根据分出的总水量(注意扣去预先加到分水器的水量),可以粗略地估计酯化反应完成的程度。

4. 产物的纯度可用气相色谱检查。用邻苯二甲酸二壬酯作为固定液。柱温和检测温度为 100 ℃,汽化温度为 150 ℃。热导检测器,氢为载气,流速为 45 mL/min。

## 七、思考题

1. 乙酸正丁酯的合成实验是根据什么原理来提高产品产量的?

2. 乙酸正丁酯的粗产品中,除了产品乙酸正丁酯之外,还有什么杂质?怎样将其除掉?

# 实验 19　乙酰乙酸乙酯的制备

## 一、实验目的

1. 学习制备乙酰乙酸乙酯的原理和方法,加深对克莱森(Claisen)酯缩合反应原理的理解。

2. 熟悉酯缩合反应中金属钠的应用和操作,复习无水操作和液体干燥。

3. 了解减压蒸馏的原理和应用范围,认识减压蒸馏的主要仪器设备,并初步掌握减压蒸馏仪器的安装和操作方法。

## 二、实验原理

含有 α-H 的酯在碱性催化剂存在下,能和另一分子酯发生缩合反应生成 β-酮酸酯,这类反应称为克莱森酯缩合反应。乙酰乙酸乙酯就是通过此反应制备得到的。

反应式:

$$2C_2H_5OH + 2Na \longrightarrow 2C_2H_5ONa + H_2(\uparrow)$$

$$2CH_3CO_2C_2H_5 \xrightarrow{C_2H_5ONa} Na^+[CH_3COCHCO_2C_2H_5]^-$$

$$\xrightarrow{HOAc} CH_3COCH_2CO_2C_2H_5 + NaOAc$$

反应机理:

$$CH_3\overset{O}{\overset{\|}{C}}OC_2H_5 + \bar{O}C_2H_5 \Longrightarrow \bar{C}H\overset{O}{\overset{\|}{C}}OC_2H_5 + C_2H_5OH$$

$$CH_3\overset{O}{\overset{\|}{C}}OC_2H_5 + \bar{C}H_2COC_2H_5 \Longrightarrow CH_3\overset{\bar{O}}{\underset{OC_2H_5}{\overset{|}{C}}}CH_2CO_2C_2H_5 \Longrightarrow CH_3\overset{O}{\overset{\|}{C}}\underset{\overset{+}{Na}}{CHCO_2C_2H_5}$$

$$\xrightarrow{HOAc} CH_3COCH_2CO_2C_2H_5 + NaOAc$$

## 三、试剂与实验装置

### 1. 试剂及用量

| 试　　剂 | 规　　格 | 用　　量 | 预计实验时间 |
|---|---|---|---|
| 乙酸乙酯 | 分析纯 | 适量 | |
| 钠 | 分析纯 | 0.9 g(0.0391 mol) | |
| 二甲苯 | 分析纯 | 适量 | |
| 乙酸 | 分析纯 | 适量 | 4 h |
| 氯化钠 | 分析纯 | 适量 | |
| 硫酸钠 | 分析纯 | 适量 | |
| 氯化钙 | 分析纯 | 适量 | |

### 2. 实验装置

实验装置如图 3-19 所示。

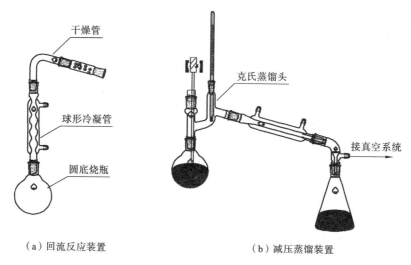

（a）回流反应装置　　　　　（b）减压蒸馏装置

**图 3-19　乙酰乙酸乙酯的制备装置**

## 四、实验内容

安装回流反应装置,如图 3-19(a)所示。

首先,制备钠珠。将 0.9 g(39.1 mmol)金属钠迅速切成薄片,放入 50 mL 的圆底烧瓶中,并加入 10 mL 经过干燥的二甲苯,小火加热回流使其熔融,拆去冷凝管,用橡皮塞塞住瓶口,用力振摇即得细粒状钠珠。稍冷后,将二甲苯倒入回收瓶。

其次,加酯回流并酸化。迅速放入 10 mL(9 g,102.2 mmol)乙酸乙酯于圆底烧瓶内,反应开始。若反应慢可温热,回流至钠基本消失,得橘红色溶液,有时析出黄白色沉淀(均为烯醇盐)。加入 50%醋酸至反应液呈弱酸性(pH 值为 5～6),固体未溶完可加少量水溶完。

最后,分液并蒸馏。将反应液转入分液漏斗,加等体积饱和氯化钠溶液,振摇,静置,分液。水层(下层)用 8 mL 乙酸乙酯萃取,萃取液和有机层合并,倒入锥形瓶中,并用适量的无水硫酸钠干燥。将充分干燥的有机混合液进行水浴加热,蒸馏出未反应的乙酸乙酯,停止蒸馏,冷却。将蒸馏得到的剩余物移至 10 mL 圆底瓶中进行减压蒸馏,收集馏分。

## 五、实验记录

| 品名 | 性状 | 沸点/℃ | 实际产量/g | 理论产量/g | 产率/(%) |
|------|------|--------|-----------|-----------|----------|
|      |      |        |           |           |          |

## 六、注意事项

1. 仪器干燥,严格无水。金属钠遇水即燃烧爆炸,故使用时应严格防止钠接触水或皮肤。钠的称量和切片要快,以免氧化或被空气中的水汽侵蚀。多余的钠片应及时放入装有烃溶剂(通常是二甲苯)的瓶中。

2. 本实验的关键是：所用仪器必须是干燥的，所用的乙酸乙酯必须是无水的。因为水的存在使金属钠易与水反应，放出氢气及大量的热，易导致燃烧和爆炸。氢氧化钠的存在易使乙酸乙酯水解成乙酸钠，更重要的是水的存在使金属钠消耗难以形成碳负离子中间体，导致实验失败。

3. 摇钠为本实验的关键步骤，因为钠珠的大小决定着反应的快慢。钠珠越细越好，应呈小米状细粒。否则，应重新熔融再摇。钠珠在制作过程中一定不能停，且要来回振摇，使瓶内温度下降不至于使钠珠结块。

4. 乙酸不能多加，否则会造成乙酰乙酸乙酯的溶解损失。用乙酸中和时，若有少量固体未溶，可加少许水溶解，避免加入过多的酸。

5. 体系压力(mmHg)＝ 外界大气压力(mmHg)－水银柱高度差(mmHg)(开口式压力计)。

6. 在系统充分抽空后通冷凝水，再加热蒸馏。一旦减压蒸馏开始，就应密切注意蒸馏情况，调整体系内压，经常记录压力和相应的沸点值，根据要求收集不同馏分。

7. 蒸馏完毕，移去热源，慢慢旋开螺旋夹(防止倒吸)，并慢慢打开二通活塞，平衡内外压力，使测压计的水银柱慢慢地恢复原状(若打开得太快，水银柱很快上升，有冲破测压计的可能)，然后关闭油泵和冷却水。

8. 液体样品不得超过容器的1/2。

9. 减压蒸馏前先抽真空，真空稳定后再慢慢升温。

10. 装仪器时，首先要求检查磨口仪器是否有裂纹。安装仪器时每一个磨口都必须配合好，同时为了提高气密性要求在磨口上涂凡士林。

## 七、思考题

1. 为什么使用二甲苯而不用苯或甲苯作溶剂？
2. 为什么要做钠珠？
3. 为什么用乙酸酸化，而不用稀盐酸或稀硫酸酸化？
4. 加入饱和食盐水的目的是什么？
5. 中和过程开始析出的少量固体是什么？
6. 乙酰乙酸乙酯沸点并不高，为什么要用减压蒸馏的方式？在进行减压蒸馏时，为什么必须用热浴加热，而不能直接用火加热？为什么进行减压蒸馏时须先抽气才能加热？

# 实验 20　草莓酯的制备

## 一、实验目的

1. 验证缩酮反应,并控制可逆反应条件。
2. 学习和掌握减压蒸馏的操作。
3. 了解绿色化学的概念。

## 二、实验原理

草莓酯的化学名称是乙酰乙酸乙酯丙二醇缩酮,它具有新鲜草莓特有的香气,广泛用于调制花香型和果香型香精。

## 三、试剂与实验装置

### 1. 试剂及用量

| 试　　剂 | 规　　格 | 用　　量 | 预计实验时间 |
|---|---|---|---|
| 乙酰乙酸乙酯 | 分析纯 | 10 mL(0.0785 mol) | |
| 丙二醇 | 分析纯 | 5.9 g(0.1138 mol) | 3 h |
| 环己烷 | 分析纯 | 适量 | |
| 732 型强酸性阳离子交换树脂 | 分析纯 | 适量 | |

### 2. 实验装置

实验装置如图 3-20 所示。

## 四、实验内容

在干燥的 50 mL 圆底烧瓶中,加入 10 mL 的乙酰乙酸乙酯和 5.9 g 的 1,2-丙二醇,再加入 7.5 mL 的环己烷、1.0 g 的强酸性阳离子交换树脂,混合均匀,加入搅拌子。装上分水器,分水器中加入环己烷至略低于支管口,然后装上冷凝管、干燥管,开动搅拌器,油浴温度 120 ℃下平稳回流并有水生成,适时放水,并记录分出的水量直至达到理论值,放掉分水器中的环己烷,不改换装置继续蒸馏环己烷并回收。

关掉热源,静止冷却后,过滤,滤液在旋转蒸发仪上除净环己烷,再进行减压蒸馏,收集 68~70 ℃/0.05 mmHg 时无色透明并具有新鲜苹果和草莓香气的液体,产率为 70%~80%。

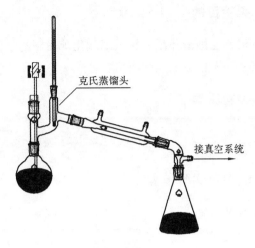

（a）反应装置　　　　　　　　　　　　　　（b）普通蒸馏装置

**图 3-20　草莓酯的制备装置**

## 五、实验记录

| 品名 | 性状 | 沸点/℃ | 实际产量/g | 理论产量/g | 产率/(%) |
|------|------|--------|-----------|-----------|----------|
|      |      |        |           |           |          |

## 六、注意事项

1. 检查分水器活塞是否漏水，安装实验装置后一定要保证其气密性良好。

2. 使用油泵进行减压蒸馏，要谨慎操作以免影响实验产率或者损坏油泵，正确操作水银压力计，读取真空泵。

## 七、思考题

1. 减压蒸馏的原理是什么？

2. 减压蒸馏结束后应如何操作？

3. 使用油泵减压时，应有哪些吸收和保护装置？其作用是什么？

# 实验 21　乙酸苯酚酯的制备

## 一、实验目的

1. 学习用乙酸酐作酰基化试剂酰化苯酚制乙酰苯酚的酯化方法。
2. 巩固用蒸馏方法提纯有机物。

## 二、实验原理

$$\text{—OH} + (CH_3CO)_2O \xrightarrow[0\ ℃]{NaOH} \text{—OCOCH_3}$$

## 三、试剂与实验装置

### 1. 试剂及用量

| 试　剂 | 规　格 | 用　量 | 预计实验时间 |
|---|---|---|---|
| 苯酚 | 分析纯 | 2.35 g(0.025 mol) | |
| 乙酸酐 | 分析纯 | 3.5 g(0.0343 mol) | 3 h |
| 氢氧化钠 | 分析纯 | 1.5 g(0.0375 mol) | |
| 二氯甲烷 | 分析纯 | 适量 | |

### 2. 实验装置

实验装置为普通蒸馏装置,如图 3-21 所示。

图 3-21　普通蒸馏装置

## 四、实验内容

在 100 mL 的锥形瓶中,加入 1.5 g 氢氧化钠和 2.5 mL 水配成溶液,然后加入 2.35 g 苯酚至上述溶液,搅拌使其溶解。再加入 13 g 碎冰,于搅拌下分 3 次将 3.5 g 乙酸酐加入其中,随即有油状悬状物浮于溶液中。将此乳浊液转移至分液漏斗中,以 20 mL 二氯甲烷分两次提取,合并提取液,用无水硫酸钠干燥。

蒸除二氯甲烷,再蒸馏乙酸苯酚酯,收集 195～196 ℃的馏分 2.5～3 g,产率为 73％～88％。

取少量粗品乙酸苯酚酯(用乙醇溶解),滴入三氯化铁 1～2 滴,观察颜色变化,鉴定产品纯度。

## 五、实验记录

| 品名 | 性状 | 沸点/℃ | 实际产量/g | 理论产量/g | 产率/(％) |
|------|------|--------|------------|------------|-----------|
|      |      |        |            |            |           |

## 六、注意事项

本实验中要注意控制好反应的温度(适当加入碎冰),否则将有产生产物乙酸苯酚酯的皂化反应,重新回到起始原料。

## 七、思考题

1. 苯酚与乙酸酐的反应过程中,氢氧化钠的作用是什么?

2. 如何检验产品中是否还有水杨酸?

# 实验 22　邻苯二甲酸二正丁酯的制备

## 一、实验目的

1. 学习邻苯二甲酸二正丁酯的制备原理和方法。
2. 学习分水器的使用方法,掌握减压蒸馏等操作。

## 二、实验原理

邻苯二甲酸二正丁酯通常由邻苯二甲酸酐(苯酐)和正丁醇在强酸(如浓硫酸)催化下反应制备得到。

主反应:

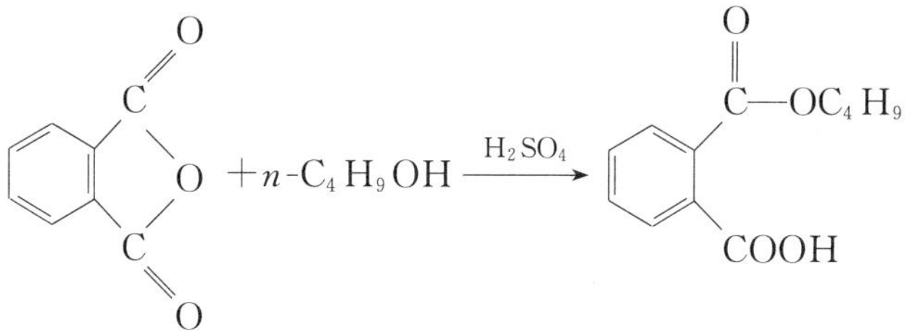

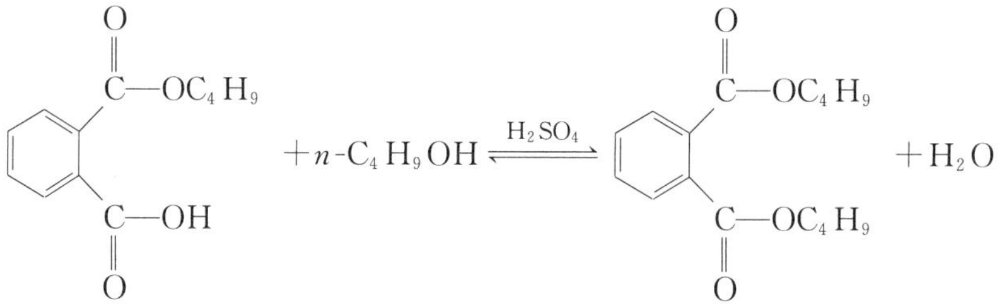

副反应:

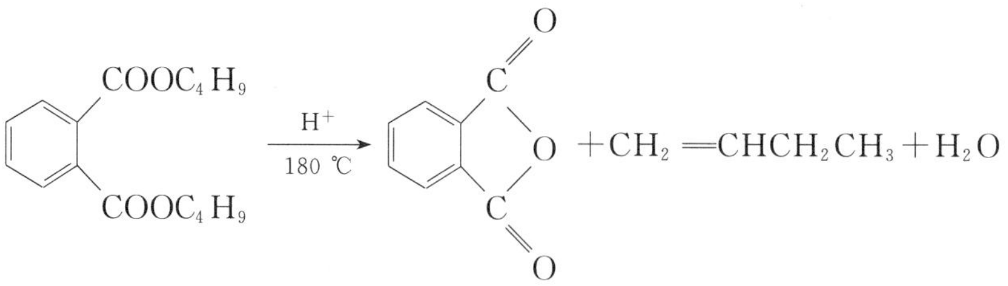

反应经过两个阶段:第一阶段是苯酐醇解得到邻苯二甲酸单丁酯,此步极易进行,稍稍加热,待苯酐固体全熔后,反应基本结束;第二阶段是邻苯二甲酸单丁酯与正丁醇的酯化得到邻苯二甲酸二正丁酯,此步为可逆反应,反应较难进行,需用强酸催化和在较高的温度下进行,且反应时间较长。常采用过量正丁醇,并利用油水分离器将反应过程中生成的水不断地从反应体系中移除,以提高产率。

## 三、试剂与实验装置

### 1. 试剂及用量

| 试　剂 | 规　格 | 用　量 | 预计实验时间 |
|---|---|---|---|
| 邻苯二甲酸酐 | 分析纯 | 5.9 g(0.04 mol) | |
| 正丁醇 | 分析纯 | 12.5 mL | |
| 浓硫酸 | 分析纯 | 0.2 mL | 6 h |
| 碳酸钠溶液 | 分析纯 | 适量 | |
| 5％饱和食盐水 | — | 适量 | |
| 无水硫酸镁 | — | 适量 | |

### 2. 实验装置

实验装置,如图 3-22 所示。

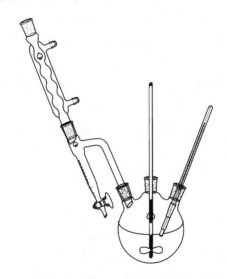

**图 3-22　带有分水器、回流冷凝及控温的反应装置**

## 四、实验内容

在干燥的 100 mL 三口烧瓶中加入 5.9 g 邻苯二甲酸酐、12.5 mL 正丁醇和几粒沸石,在振摇下缓慢滴加 0.2 mL 浓硫酸。在分水器中加入正丁醇至支管平齐,封闭加料口,另一口插入温度计(200 ℃,水银球应位于离烧瓶底 0.5~0.8 cm 处)。缓慢升温,使反应混合物微沸,约 15 min 后,烧瓶内固体完全消失。继续升温至回流,此时逐渐有正丁醇和水的共沸物蒸出,经冷凝至分水器的底部,当反应温度升到 150 ℃时便可停止加热,反应的时间为 1.5~2 h。记录分水器中水的体积(注意:含有少量正丁醇)。

反应液冷却到 70 ℃以下时,拆除反应装置。将反应混合液倒入分液漏斗,加入 5％碳酸钠溶液中和。量取 20 mL 温热的饱和食盐水,洗涤有机层 2~3 次,至有机层呈中性,分离出油状物,加入无水硫酸镁干燥至液体澄清。用倾斜法除去干燥剂,将有机层倒入 50 mL 的圆底烧瓶,先用水泵减压蒸去过量的正丁醇,再用油泵减压蒸馏,收集 180～190 ℃/1.33 kPa(10 mmHg)时的馏分,称重。

## 五、实验记录

| 品名 | 性状 | 熔点/℃ | 沸点/℃ | 实际产量/g | 理论产量/g | 产率/(%) |
|------|------|--------|--------|------------|------------|----------|
|      |      |        |        |            |            |          |

## 六、注意事项

1. 为保持浓硫酸的浓度,反应仪器要尽量干燥。此外,为了避免增加正丁醇的副反应,浓硫酸的量不宜太多。

2. 开始加热时必须慢慢加热,待苯酐固体消失后,方可提高加热速度,否则,苯酐遇高温会升华附着在瓶壁上,造成原料损失而降低产率。

3. 反应第二阶段,加热回流时,正丁醇与水形成二元共沸混合物(沸点 92.7 ℃,含醇 57.5%),共沸物冷凝后的液体进入分水器中分为两层,上层为含 20.1% 水的醇层,下层为含 7.7% 醇的水层,上层的正丁醇可通过溢流返回到烧瓶中继续反应。分水器中无水珠下沉,可作为反应终点控制的标志。

4. 在强酸条件下,邻苯二甲酸二正丁酯在 180 ℃ 以上极易分解。因此,为避免副反应的发生,反应温度又不宜过高,一般控制在 160 ℃ 以下。

5. 产物进行碱中和时,温度不得超过 70 ℃,碱浓度也不宜过高,否则会引起酯的皂化反应。

6. 粗产品洗涤后,应为中性。因为减压蒸馏时,温度很高,少量酸的存在可能会使产物分解,产生副产物为邻苯二甲酸酐。

## 七、思考题

1. 高温时,正丁醇在浓硫酸的作用下有哪些副反应?

2. 减压对蒸馏的作用是什么?减压蒸馏开始时,为什么要先抽真空后加热?结束时为什么要先移去热源后再停止抽真空?

3. 浓硫酸在实验中的作用是什么?用量控制在多少为宜?

# 实验 23　乙酰苯胺的制备

## 一、实验目的

1. 掌握乙酰苯胺化反应的原理和实验操作。
2. 掌握固体有机化合物提纯的方法——重结晶。

## 二、实验原理

胺的酰化在有机合成中有着重要的作用。作为一种保护措施,一级和二级芳胺在合成中,通常被转化为它们的乙酰基衍生物,以降低胺对氧化降解的敏感性,使其不被反应试剂破坏。同时,氨基酰化后降低了氨基在亲电取代反应(特别是卤化)中的活化能力,使其由很强的第Ⅰ类定位基变为中等强度的第Ⅰ类定位基,使反应由多元取代变为有用的一元取代。由于乙酰基的空间位阻,往往要选择性地生成对位取代物。

$$\text{NH}_2\text{-C}_6\text{H}_5 + \text{CH}_3\text{COOH} \underset{}{\overset{\triangle}{\rightleftharpoons}} \text{NHCOCH}_3\text{-C}_6\text{H}_5 + \text{H}_2\text{O}$$

## 三、试剂与实验装置

### 1. 试剂及用量

| 试　　剂 | 规　　格 | 用　　量 | 预计实验时间 |
|---|---|---|---|
| 苯胺 | 分析纯 | 5.12 g(0.055 mol) | |
| 乙酸 | 分析纯 | 7.8 g(0.13 mol) | 3 h |
| 锌粉 | 分析纯 | 0.1 g | |

### 2. 实验装置

实验装置,如图 3-23 所示。

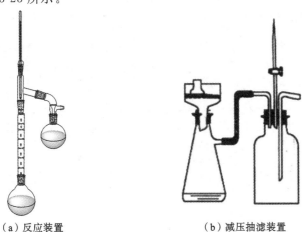

（a）反应装置　　　　　　　（b）减压抽滤装置

**图 3-23　乙酰苯胺的制备装置**

## 四、实验内容

用 25 mL 圆底烧瓶搭成简单分馏装置。分馏柱柱顶插一支量程为 150 ℃的温度计,并用小圆底烧瓶收集稀乙酸溶液。向反应瓶中加入 5 mL 新蒸馏的苯胺、7.4 mL 冰乙酸和 0.1 g 锌粉,摇匀。开始加热,保持反应液微沸约 10 min,逐渐升高温度,使分馏柱顶温度维持在 100 ～105 ℃。反应 40～60 min 后可适当升温至 110 ℃,蒸出大部分水和剩余的乙酸,温度出现波动时,可认为反应结束。

在不断搅拌下,趁热将反应液倒入盛有 100 mL 冷水的烧杯中,即有白色固体析出,继续剧烈搅拌,并冷却烧杯,使粗乙酰苯胺呈细粒状完全析出。用布氏漏斗抽滤析出的固体,用玻璃瓶塞把固体压碎,再用 5～10 mL 冷水洗涤以除去残留的酸液。把粗乙酰苯胺置于 150 mL 热水中,加热至沸腾。若有未溶解的油珠,需补加热水,直到油珠完全溶解为止。稍冷后,加入约 0.5 g 活性炭,用玻璃棒搅拌并煮沸 1～2 min。趁热用保温漏斗过滤或用预先加热好的布氏漏斗减压过滤。冷却滤液,乙酰苯胺呈无色片状晶体析出。减压过滤,尽量挤压以除去晶体中的水分。产物放在表面皿上在红外灯下烘干,测定其熔点,产量约 5 g。

## 五、实验记录

| 品名 | 性状 | 熔点/℃ | 实际产量/g | 理论产量/g | 产率/(%) |
|------|------|--------|-----------|-----------|---------|
|      |      |        |           |           |         |

## 六、注意事项

1. 锌粉的作用是防止苯胺在反应过程中氧化,但不能加得太多,否则在后处理中会出现不溶于水的氢氧化锌。新蒸馏过的苯胺也可以不加锌粉。

2. 制备完成后要趁热将瓶内混合物倒入盛有冷水的烧杯中,否则固体析出沾在瓶壁上不易处理。

3. 在 20 ℃、25 ℃、50 ℃、80 ℃和 100 ℃下,乙酰苯胺在水中的溶解度分别为 0.46 g/100 g、0.48 g/100 g、0.56 g/100 g、3.45 g/100 g 和 5.5 g/100 g。

4. 油珠是熔融状态的含水的乙酰苯胺(83 ℃时含水 13%),如果溶液温度在 83 ℃以下,溶液中未溶解的乙酰苯胺以固态存在。

## 七、思考题

1. 本反应为什么要控制分馏柱顶端温度在 105 ℃?

2. 用苯胺做原料进行苯环上的一些取代时,为什么常常要先进行酰化?

# 实验 24　己内酰胺的制备

## 一、实验目的

1. 掌握实验室以贝克曼(Beckmann)重排反应制备酰胺的方法和原理。
2. 掌握和巩固低温操作、干燥、减压蒸馏、沸点测定等基本操作。

## 二、实验原理

肟在酸性试剂作用下发生分子重排生成酰胺。由肟变成酰胺的重排是一个很普遍的反应,叫做贝克曼重排。不对称的酮肟或醛肟进行重排时,通常羟基总是与在反式位置的烃基互换位置,即为反式位移,具有立体专一性。重排过程中,烃基的迁移与羟基的离去是同时发生的同步反应。应用贝克曼重排可以合成一系列酰胺,尤其是环己酮肟重排为己内酰胺具有重要的工业意义。己内酰胺开环聚合可得到聚己内酰胺树脂。

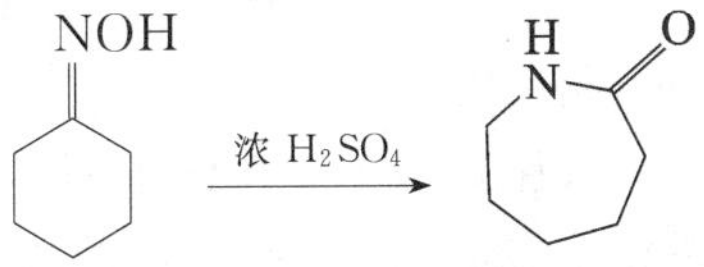

反应机理:

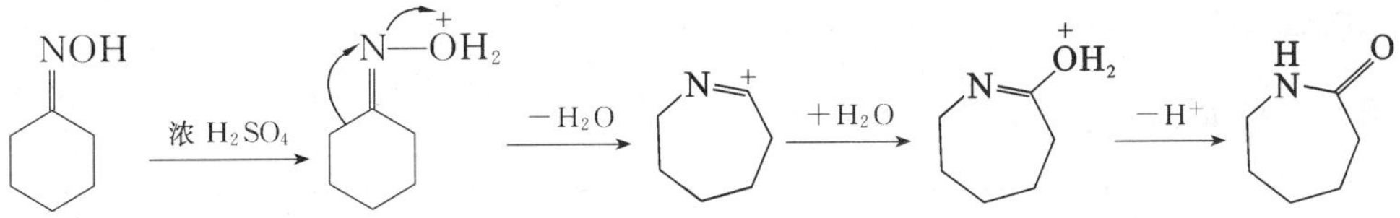

## 三、试剂与实验装置

### 1. 试剂及用量

| 试　剂 | 规　格 | 用　量 | 预计实验时间 |
|---|---|---|---|
| 环己酮肟 | 分析纯 | 5 g(0.044 mol) | |
| 硫酸 | 分析纯 | 5 mL | |
| 氨水 | 分析纯 | 适量 | 3 h |
| 四氯化碳 | 分析纯 | 适量 | |
| 石油醚 | 分析纯 | 适量 | |

### 2. 实验装置

实验装置为减压抽滤装置,如图 3-24 所示。

## 四、实验内容

在 500 mL 烧杯中加入 5 g 环己酮肟和 5 mL 85% 的硫酸,搅拌溶解,小火加热至反应开

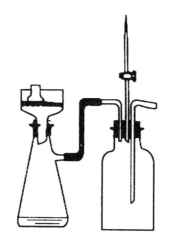

图 3-24　减压抽滤装置

始,直至温度升至110～120 ℃,有气泡生成。立即撤掉热源,反应在数秒钟内完成,生成棕色黏稠状液体。

在冰水中冷却至5 ℃以下,在搅拌状态下缓慢滴加20%的氨水至碱性,控温20 ℃以下,pH 值为7～9,滴加时间约为30 min;加6～7 mL 水溶解固体,每次用5 mL 的四氯化碳萃取3次,合并有机层;用无水硫酸镁干燥至澄清;蒸出多余的四氯化碳,大约剩5 mL,转移到干燥的烧杯中,稍冷后在60 ℃下滴加石油醚,搅拌至有固体析出,继续冷却并搅拌使大量的固体析出,冷却后抽滤,用石油醚洗涤1次,得到白色粉末状固体,并将石油醚回收到指定试剂瓶中。

己内酰胺的熔点为68.7 ℃,沸点为160.19 ℃。

## 五、实验记录

| 品名 | 性状 | 熔点/℃ | 实际产量/g | 理论产量/g | 产率/(%) |
|------|------|--------|-----------|-----------|---------|
|      |      |        |           |           |         |

## 六、注意事项

1. 控制反应温度在要求范围之内,防止反应复杂化。

2. 肟要干燥,否则反应很难进行。

3. 温度上升到110～120 ℃,当有气泡产生时,立即移去火源。

## 七、思考题

1. 环己酮肟制备时为什么要加入醋酸钠?

2. 为什么要加入20%氨水中和? 滴加氨水时为什么要控制反应温度?

3. 粗产品转入分液漏斗,分出水层为哪一层? 应从漏斗的哪个口放出?

# 实验 25　苄基三乙基氯化铵的制备

## 一、实验目的

1. 学习相转移催化、季铵盐等概念。
2. 掌握季铵化的反应机理及季铵盐的制备方法。
3. 熟悉回流反应、过滤等基本操作。

## 二、实验原理

苄基三乙基氯化铵(triethyl benzyl ammonium chloride，TEBA)为季铵盐类化合物，常以结晶固体状态存在，具有盐类的特性，能溶于水，多用于多相反应中的相转移催化剂。TEBA可由氯化苄与三乙胺通过季铵化反应制得，其反应方程式为

$$\text{苯-CH}_2\text{Cl} + (C_2H_5)_3N \xrightarrow[83\sim84\ ℃]{\text{ClCH}_2\text{CH}_2\text{Cl}} \text{苯-CH}_2\overset{+}{N}(C_2H_5)_3\overset{-}{Cl} \quad (\text{TEBA})$$

本实验选用 1,2-二氯乙烷作为溶剂，产物 TEBA 不溶于该有机溶剂而以晶体析出，过滤就能得到产品。

## 三、试剂与实验装置

### 1. 试剂及用量

| 试　剂 | 规　格 | 用　量 | 预计实验时间 |
|---|---|---|---|
| 氯化苄 | 分析纯 | 2.8 mL(25 mmol) | |
| 三乙胺 | 分析纯 | 3.5 mL(25 mmol) | 4 h |
| 1,2-二氯乙烷 | 分析纯 | 10 mL | |

### 2. 实验装置

实验装置如图 3-25 所示。

## 四、实验内容

在 50 mL 干燥的圆底烧瓶中，依次加入 2.8 mL 氯化苄、3.5 mL三乙胺和 10 mL 的 1,2-二氯乙烷，振荡使其混合均匀。再加入沸石，缓慢加热反应体系，于 84 ℃下反应 1.5 h。待反应结束，将反应液静置冷却，即可析出白色结晶。抽滤，滤液回收到指定试剂瓶中，将固体滤饼压干，得到白色固体。称重，并计算出产率。

**图 3-25　反应装置**

## 五、实验结果

| 品名 | 性状 | 熔点/℃ | 实际产量/g | 理论产量/g | 产率/(%) |
|------|------|--------|-----------|-----------|----------|
|      |      |        |           |           |          |

## 六、注意事项

1. 本实验要缓慢加热至回流状态,否则容易产生副产品。

2. 久置的氯化苄常伴有苄醇和水,因此在使用前应采用新蒸馏过的氯化苄。

3. 产物 TEBA 为季铵盐类化合物,在空气中极易受潮分解,应置于保干器内保存。

4. 原料氯化苄对眼睛有强烈的刺激、催泪作用,最好在通风柜中取用。

## 七、思考题

1. 为什么季铵盐能作为相转移催化剂?

2. 氯化苄与三乙胺反应生成 TEBA 的机理是什么?

3. 本实验为什么要选用 1,2-二氯乙烷作为溶剂?能否选用其他溶剂代替?

# 实验 26　甲基橙的制备

## 一、实验目的

1. 通过甲基橙的制备学习重氮化反应和偶合反应的实验操作。
2. 掌握偶氮化合物的合成机理。
3. 熟悉盐析和重结晶的原理和操作。

## 二、实验原理

甲基橙是一种指示剂,它是由对氨基苯磺酸重氮盐与 N,N-二甲基苯胺的醋酸盐,在弱酸性介质中偶合得到的。偶合首先得到的是红色的酸式甲基橙,即酸性黄,然后在碱性条件下会转变为橙色的钠盐,即甲基橙,其反应原理如下:

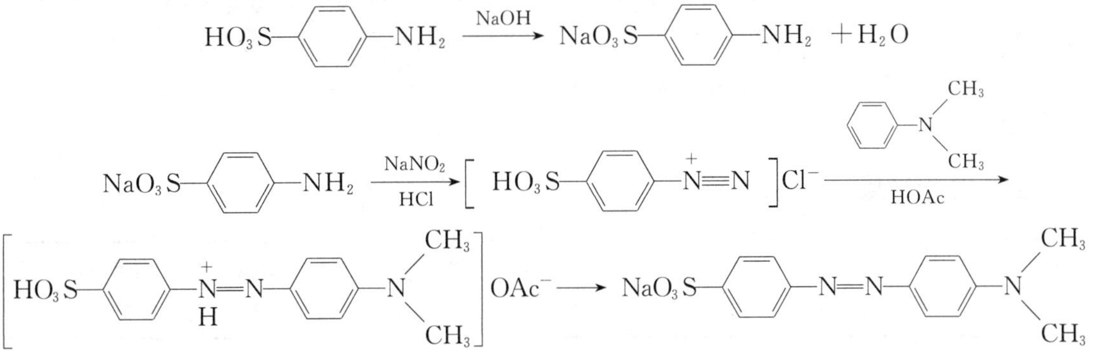

## 三、试剂与实验装置

### 1. 试剂及用量

| 试　　剂 | 规　　格 | 用　　量 | 预计实验时间 |
|---|---|---|---|
| 对氨基苯磺酸 | 分析纯 | 2 g(11.5 mmol) | |
| 亚硝酸钠 | 分析纯 | 0.8 g(11.5 mmol) | |
| 浓盐酸 | 分析纯 | 2.5 mL | 4 h |
| N,N-二甲基苯胺 | 分析纯 | 1.3 mL(10.2 mmol) | |
| 冰醋酸 | 分析纯 | 1 mL | |
| 5%的氢氧化钠溶液 | — | 适量 | |

### 2. 实验仪器

100 mL 烧杯、玻璃棒、抽滤瓶、布氏漏斗。

## 四、实验内容

### 1. 对氨基苯磺酸重氮盐的制备

在 100 mL 烧杯中,加入 2 g 对氨基苯磺酸及 10 mL 5% 的氢氧化钠溶液,在水浴中加热至溶解。待溶液冷却至室温后,再加入 0.8 g 亚硝酸钠并搅拌溶解。然后在搅拌下,将该混合溶液分批加入到盛有 13 mL 冰水和 2.5 mL 浓盐酸的烧杯中,温度保持在 5 ℃ 以下。此时,反应液由橙黄色变为乳黄色,并很快产生对氨基苯磺酸重氮盐的细粒状白色沉淀。滴加完毕后,反应液在冰水浴中继续搅拌 15 min。

**2. 偶合**

在试管中加入 1.3 mL N,N-二甲基苯胺和 1 mL 冰醋酸,使其混合均匀。在搅拌下将该溶液缓慢滴加到冷却的重氮盐溶液中,加完后继续搅拌 10 min,此时有红色的酸性黄沉淀物。在搅拌下缓慢加入 15 mL 10％的氢氧化钠溶液,反应物变成橙黄色浆状物,粗制的甲基橙呈细粒状沉淀析出。

**3. 重结晶**

将反应物加热至沸腾,使粗制的甲基橙溶解,稍冷,将反应物置于冰浴中冷却,待甲基橙重新结晶析出后,抽滤收集结晶。烧杯用 10 mL 饱和氯化钠水溶液冲洗两次,合并冲洗液洗涤产品。

若要得到纯度较高的产品,可将滤饼转移到装有 75 mL 热水的烧杯中,微微加热并且不断搅拌,滤饼全溶后冷却至室温,然后在冰水浴中再冷却,待甲基橙结晶全析出后,抽滤。依次用少量乙醇和乙醚洗涤产品,产品干燥后称重,产量为 2.3～2.5 g,将乙醚洗涤液回收到指定试剂瓶中。

## 五、实验结果

| 品名 | 性状 | 熔点/℃ | 实际产量/g | 理论产量/g | 产率/(％) |
|------|------|--------|-----------|-----------|-----------|
|      |      |        |           |           |           |

## 六、注意事项

1. 对氨基苯磺酸为两性化合物,酸性强于碱性,它能与碱作用生成盐而不能与酸作用生成盐。

2. 重氮化过程中,应严格控制温度,反应温度若高于 5 ℃,生成的重氮盐易水解为酚,降低产率。

3. 粗产品为碱性,温度稍高会使产物变质,颜色变深,湿的甲基橙受日光照射,亦会使颜色变深,通常在 65～75 ℃下烘干。

4. 重结晶操作要迅速,否则由于产物呈碱性,在温度高时易变质,颜色变深。

5. 甲基橙在水中溶解度较大,重结晶时加水不宜过多。

6. 用乙醇洗涤的目的是为了让产品迅速干燥。

## 七、思考题

1. 在制备对氨基苯磺酸重氮盐时,加入 5％氢氧化钠溶液的目的是什么?

2. 重氮盐的制备为什么要控制在 0～5 ℃ 范围内进行?

3. 偶合反应为什么要在弱酸介质中进行?

4. 第一次抽滤收集甲基橙结晶时,为什么要用饱和食盐水洗涤?能否用普通的蒸馏水来洗涤?

## 实验 27　2-溴噻吩的合成

### 一、实验目的

1. 了解 2-溴噻吩的制备原理及操作过程。
2. 掌握萃取及减压蒸馏的操作。

### 二、实验原理

2-溴噻吩是有机合成中重要的中间体,广泛用于医药、农药及染料等领域。2-溴噻吩通常采用二氯甲烷、氯仿、冰乙酸等作为溶剂,直接溴化。但由于噻吩环的电子云密度比较高,因而会产生二溴代或多溴代的副产物。

本实验采用溴化吡啶氢溴酸盐作为溴化试剂。该反应条件温和,原料噻吩的转化率高,主要生成 2-溴噻吩,几乎无二溴代或多溴代副产物的产生,反应方程式为

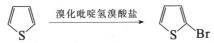

### 三、试剂与实验装置

#### 1. 试剂及用量

| 试　　剂 | 规　　格 | 用　　量 | 预计实验时间 |
| --- | --- | --- | --- |
| 吡啶 | 分析纯 | 23 mL(0.285 mol) | |
| 48%氢溴酸 | 分析纯 | 45 mL | |
| 溴素 | 分析纯 | 12.2 mL(0.237 mol) | |
| 冰乙酸 | 分析纯 | 适量 | |
| 四氯化碳 | 分析纯 | 50 mL | 4 h |
| 噻吩 | 分析纯 | 15.8 mL(0.200 mol) | |
| 10%亚硫酸钠 | — | 适量 | |
| 5%氢氧化钠 | — | 适量 | |
| 无水硫酸镁 | 分析纯 | 适量 | |

#### 2. 实验装置

实验装置如图 3-26 所示。

### 四、实验内容

#### 1. 溴化吡啶氢溴酸盐的制备

在 250 mL 反应瓶中加入 23 mL 吡啶及 45 mL 浓度为 48%的氢溴酸,混合均匀。在冰水浴下,向反应瓶中缓慢滴加 12.2 mL 溴素,滴加完毕后再继续搅拌 1 h。反应结束后,有固体析出,过滤,将固体用少量冰乙酸洗涤,滤干。将固体转移到 250 mL 烧杯中,加入 80 mL 冰乙

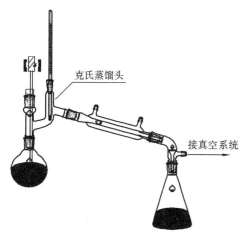

克氏蒸馏头

接真空系统

**图 3-26　减压蒸馏装置**

酸,缓慢加热至 80 ℃,且不断搅拌,让固体完全溶解。若仍有少量固体未溶解,再补加 5~10 mL 冰乙酸。待固体完全溶解后,停止加热,静置冷却至室温。待结晶全部析出后,抽滤,依次用少量冰乙酸和乙醇洗涤产品,得橙黄色针状晶体。最后,用适量的冰乙酸进行重结晶,抽滤,将滤饼压干,所得固体产物为溴化吡啶氢溴酸盐。

### 2. 2-溴噻吩的合成

在 250 mL 的反应瓶中,加入 50 mL 四氯化碳及 15.8 mL 噻吩,在冰盐浴中冷却至 0 ℃,再少量多次加入制备的溴化吡啶氢溴酸盐,反应温度控制在 −2~2 ℃,加完后再继续搅拌 0.5 h。反应体系倒入分液漏斗中,分出下层液体。上层再用 25 mL 四氯化碳萃取 2 次,合并下层液体。

液体再用 30 mL 10％亚硫酸钠溶液洗涤,然后用 5％氢氧化钠溶液调节 pH 值至中性,最后加入无水硫酸镁干燥。常压回收四氯化碳溶剂,再减压蒸馏,收集 42~46 ℃/1.73 kPa 的馏分,即为 2-溴噻吩,称重并计算产率。2-溴噻吩为无色油状液体,易溶于乙醚与丙酮,不溶于水。该化合物的沸点为 149~151 ℃,相对密度为 1.684(20 ℃/4 ℃),折光率为 1.5868。

## 五、实验结果

| 品名 | 性状 | 实际产量/g | 理论产量/g | 产率/(％) |
|---|---|---|---|---|
| | | | | |

## 六、注意事项

1. 在制备溴化吡啶氢溴酸盐时,溴素要在低温下缓慢滴加。
2. 用冰醋酸重结晶溴化吡啶氢溴酸盐时,冰乙酸的用量不宜过大。
3. 四氯化碳的密度比水大,在反应液及萃取液分层时,下层为有机层。

## 七、思考题

1. 溴化吡啶氢溴酸盐为什么要少量多次加入?
2. 萃取液用 10％亚硫酸钠溶液洗涤的目的是什么?
3. 有机层液体为什么要用 5％氢氧化钠溶液调节 pH 值至中性?
4. 与其他干燥剂相比,无水硫酸镁作为干燥剂具有什么优点?

## 实验 28　2,4-二甲基-5-乙氧羰基吡咯的合成

### 一、实验目的

1. 学习合成 2,4-二甲基-5-乙氧羰基吡咯的实验操作。
2. 了解硅胶柱层析分离提纯化合物的原理。
3. 掌握柱层析分离提纯化合物的实验操作。

### 二、实验原理

本实验采用 2,4-二甲基-5-乙氧羰基吡咯-3-甲酸加热脱羧的方法,合成 2,4-二甲基-5-乙氧羰基吡咯,反应方程式如下:

$$\text{(EtOOC)}\underset{\text{N}}{\overset{\text{H}_3\text{C}}{\bigcirc}}\text{COOH} \xrightarrow{\triangle,\ -\text{CO}_2} \text{EtOOC}\underset{\text{N}}{\overset{\text{H}_3\text{C}}{\bigcirc}}\text{CH}_3$$

### 三、试剂与实验装置

#### 1. 试剂及用量

| 试　　剂 | 规　　格 | 用　　量 | 预计实验时间 |
|---|---|---|---|
| 2,4-二甲基-5-乙氧羰基吡咯-3-甲酸 | 分析纯 | 2.11 g(10 mmol) | |
| 二氯甲烷 | 分析纯 | 适量 | 4 h |
| 硅胶 | — | 适量 | |

#### 2. 实验仪器

50 mL 圆底烧瓶、沙浴加热装置、硅胶、硅胶柱。

### 四、实验内容

在 50 mL 圆底烧瓶中加入 2.11 g 的 2,4-二甲基-5-乙氧羰基吡咯-3-甲酸。在沙浴中加热至 270 ℃,反应体系开始逸出 $CO_2$,脱羧产物在瓶壁上形成液滴,并于 280 ℃下继续反应约 10 min,然后自然冷却,瓶壁上的小液滴凝固形成无色针状晶体。

在 100 mL 烧杯中,加入 20 g 硅胶,再加入 50 mL 二氯甲烷使硅胶搅拌均匀。在硅胶柱底部塞好棉花,然后把硅胶倒入硅胶柱内,待硅胶沉降时,加压,使硅胶紧密地填充,但溶剂高度始终要处于硅胶界面上方。反复几次后,把反应瓶中的物质用少量二氯甲烷溶解,液体再用滴管沿着色谱柱壁缓慢滴加,柱壁上液体再用少量二氯甲烷润洗。然后,在样品上层铺放棉花,以保证界面不被加入的溶剂破坏掉。最后,用二氯甲烷作为洗脱液进行柱层析分离,分离所得的液体浓缩后,即得无色针状结晶。产量约 1 g,产率为 60%。

产物 2,4-二甲基-5-乙氧羰基吡咯的结构表征数据如下:

mp 127～128 ℃;

IR（KBr）：$\bar{v}/cm^{-1}=3300$（NH），1600（CO）；

$^1$H-NMR（CDCl$_3$）：$\delta=10.5$［s（br），1H，NH］，5.70（d，$J=3$ Hz；1H，3-H），4.33（q，$J=7$ Hz；2H，OCH$_2$），2.25（s，3H，CH$_3$），1.35（t，$J=7$ Hz；3H，CH$_3$）。

## 五、实验结果

| 品名 | 性状 | 熔点/℃ | 红外光谱数据 | 实际产量/g | 理论产量/g | 产率/（%） |
|---|---|---|---|---|---|---|
|  |  |  |  |  |  |  |

## 六、注意事项

1. 产品也可用乙醇重结晶方法来纯化,但对产品会造成较大损失。

2. 柱层析前,尽可能用少量的二氯甲烷来溶解反应瓶中的物质。

3. 硅胶柱填充的长度要适中,10～15 cm 为宜。长度过长会延长纯化时间,长度过短会影响分离效果。

## 七、思考题

1. 沙浴加热通常适用于什么条件?

2. 硅胶柱层析分离纯化的原理是什么?

3. 硅胶柱层析分离纯化时,未反应的原料 2,4-二甲基-5-乙氧羰基吡咯-3-甲酸与 2,4-二甲基-5-乙氧羰基吡咯相比,哪个先被洗脱剂淋洗出来?

4. 与其他纯化手段相比,柱层析纯化的优点是什么?

# 实验 29　2,4,5-三苯基噁唑的合成

## 一、实验目的

1. 掌握合成 2,4,5-三苯基噁唑的反应机理和实验操作步骤。
2. 复习分液、洗涤及重结晶等基本实验操作。

## 二、实验原理

本实验采用苯甲酰安息香酯与甲酰胺在酸性条件下成环反应来合成 2,4,5-三苯基噁唑，其反应方程式如下：

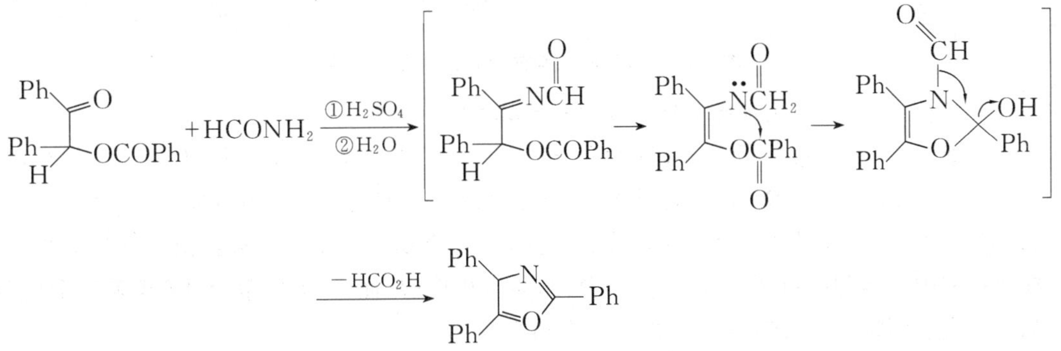

## 三、试剂与实验装置

### 1. 试剂及用量

| 试　　剂 | 规　　格 | 用　　量 | 预计实验时间 |
|---|---|---|---|
| 苯甲酰安息香酯 | 分析纯 | 2 g(6.3 mmol) | |
| 甲酰胺 | 分析纯 | 10 mL(252 mmol) | |
| 浓硫酸 | 分析纯 | 0.5 mL | |
| 甲苯 | 分析纯 | 30 mL | 5 h |
| 饱和碳酸钠溶液 | — | 适量 | |
| 95%乙醇 | — | 适量 | |

### 2. 实验装置

实验装置如图 3-27 所示。

## 四、实验内容

在 25 mL 两口瓶中，加入 2 g 苯甲酰安息香酯、10 mL 新蒸的甲酰胺。搅拌下，缓慢滴加 0.5 mL 浓硫酸，电热套加热，控制温度在 100~110 ℃，反应约 2 h，再升温至 130~140 ℃，继续反应 1 h。待反应液冷却后，将反应瓶中的液体倒入 100 mL 烧杯中，加入 30 mL 水，此时产生大量白色固体。继续加入 30 mL 甲苯，使固体溶解。分出水层，有机层分别用水、饱和碳酸

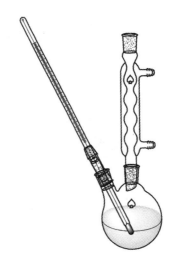

**图 3-27　带有回流冷凝及控温的反应装置**

钠溶液洗涤至中性,再用无水硫酸钠干燥。过滤,除去干燥剂。

将滤液进行蒸馏,除去甲苯,得到黄色固体,并将其转移到 50 mL 烧杯中,加入 20 mL 95% 乙醇,缓慢加热至沸腾,且不断搅拌,直至完全溶解。若仍有少量固体未溶解,再补加 2～5 mL 95% 乙醇。待固体完全溶解后,停止加热,静置冷却至室温。如果析出固体量较少,可以在冰水浴中再冷却。待 2,4,5-三苯基噁唑结晶全析出后,抽滤,依次用少量乙醇和乙醚洗涤产品,得白色针状晶体。产量约 1.53 g,产率约为 85.7%。

### 五、实验结果

| 品名 | 性状 | 熔点/℃ | 实际产量/g | 理论产量/g | 产率/(%) |
|------|------|--------|------------|------------|----------|
|      |      |        |            |            |          |

### 六、注意事项

1. 浓硫酸起催化作用,加入的量不宜过多。
2. 刚开始反应时,温度不宜过高,应控制在 100～110 ℃。
3. 产物不溶于水,反应瓶中加入大量水后,产物会以白色固体形式析出。
4. 产品重结晶纯化时,加入乙醇的量不宜过多。

### 七、思考题

1. 甲酰胺的用量为什么要过量?
2. 加入甲苯使固体溶解后,此时水层是处在上层还是下层? 如何判断?
3. 有机层分别用水及饱和碳酸钠溶液洗涤的目的是什么?
4. 用乙醇重结晶时,乙醇的用量过多或过少将会产生什么影响?

## 实验 30　2,6-二甲基-3,5-二乙氧基羰基吡啶

### 一、实验目的

1. 了解合成 2,6-二甲基-3,5-二乙氧基羰基吡啶的原理。
2. 掌握合成 2,6-二甲基-3,5-二乙氧基羰基吡啶的操作。
3. 巩固分液萃取、洗涤及重结晶等基本操作。

### 二、实验原理

本实验利用 2,6-二甲基-4-苄基-3,5-二乙氧羰基-1,4-二氢吡啶在酸性条件下脱苄和芳构化的反应,制备 2,6-二甲基-3,5-二乙氧基羰基吡啶,并伴随有苯甲醛、苯甲醇及苯甲酸乙酯等化合物的产生,其反应方程式如下:

### 三、试剂与实验装置

#### 1. 试剂及用量

| 试　　　剂 | 规　格 | 用　　量 | 预计实验时间 |
|---|---|---|---|
| 2,6-二甲基-4-苄基-3,5-二乙氧羰基-1,4-二氢吡啶 | 分析纯 | 2.5 g(36.2 mmol) | 4 h |
| 冰醋酸 | 分析纯 | 25 mL(437 mmol) | |
| 亚硝酸钠 | 分析纯 | 2.5 g(15.9 mmol) | |
| 乙醚 | 分析纯 | 75 mL | |
| 2 mol/L 盐酸 | — | 适量 | |
| 碳酸氢钠 | 分析纯 | 适量 | |
| 环己烷 | 分析纯 | 适量 | |

#### 2. 实验装置

实验装置如图 3-28 所示。

### 四、实验内容

在 50 mL 两口瓶中,加入 2.5 g 2,6-二甲基-4-苄基-3,5-二乙氧羰基-1,4-二氢吡啶、25 mL 冰醋酸,分多次加入 2.5 g 亚硝酸钠并充分搅拌。加料完毕后,加热升温,于 50 ℃反应 1 h,直至无气体逸出。

将反应液倒入盛有 100 mL 冰水的烧杯中,每次用 25 mL 乙醚萃取,共萃取 3 次。合并乙

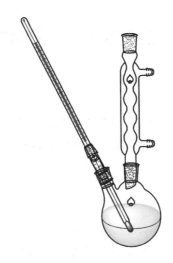

**图 3-28　带有回流冷凝与控温的反应装置**

醚层,再每次用 50 mL 2 mol/L 盐酸洗涤,洗涤 2 次。分出水相,用碳酸氢钠中和,析出沉淀产物。过滤,固体干燥后得粗产品,将其转移到 50 mL 圆底烧瓶中,加入 20 mL 环己烷,在瓶口装上冷凝管,接通冷凝水,缓慢加热至沸腾,搅拌下使固体完全溶解。如仍有少量固体未溶解,再补加 5 mL 环己烷,继续加热至沸腾。待固体完全溶解后,停止加热,静置冷却至室温。如果析出固体量较少,可以在冰水浴中再冷却,待结晶全部析出后,抽滤。用少量环己烷洗涤产品,得淡黄色小针状结晶产物。产量约为 1.75 g,产率为 95%。

产物 2,6-二甲基-3,5-二乙氧基羰基吡啶的结构表征数据如下:

mp 69～71 ℃;

IR (KBr):$\bar{v}/\mathrm{cm}^{-1}=$ 1720 (CO), 1590 (Ar);

$^1$H-NMR (CDCl$_3$):$\delta=$ 8.65 (s, 1H, 4-H), 4.38 (q, $J=$ 7 Hz; 4H, OCH$_2$), 2.82 (s, 6H, CH$_3$), 1.40 (t, $J=$ 7 Hz; 6H, CH$_3$)。

### 五、实验结果

| 品名 | 性状 | 熔点/℃ | 红外光谱数据 | 实际产量/g | 理论产量/g | 产率/(%) |
|---|---|---|---|---|---|---|
|  |  |  |  |  |  |  |

### 六、注意事项

1. 反应温度不宜过高,要控制在 50 ℃左右。
2. 环己烷沸点比较低,粗产品用环己烷重结晶时,应在回流反应装置内进行。

### 七、思考题

1. 加入的冰醋酸和亚硝酸钠分别起什么作用?
2. 用乙醚萃取后,萃取液为什么要用 2 mol/L 的盐酸洗涤?
3. 水层用碳酸氢钠中和后,为什么会析出沉淀产物?
4. 在重结晶粗产品时,溶剂环己烷用量过多或过少会产生什么影响?

# 实验 31　二茂铁的制备

## 一、实验目的

1. 掌握二茂铁的制备原理和实验操作方法。
2. 复习蒸馏、分馏及熔点测定等实验操作。

## 二、实验原理

二茂铁是一种金属有机配合物，具有独特的结构和键合方式，成键的电子具有高度离域特性，因此也称为有机金属 π 配合物。二茂铁具有芳香性，其芳环上的氢原子可以被多种基团取代，其结构式如下：

二茂铁的合成方法很多，如电化学合成法、无水无氧合成法，但这些方法操作较复杂、反应条件苛刻、合成成本高。本实验采用环戊二烯、氢氧化钾和氯化亚铁为原料合成二茂铁，其合成路线如下：

## 三、试剂与实验装置

### 1. 试剂及用量

| 试　　剂 | 规　　格 | 用　　量 | 预计实验时间 |
|---|---|---|---|
| 双环戊二烯 | 分析纯 | 6 mL(4.5 mmol) | |
| 氢氧化钾 | 分析纯 | 17 g | |
| 无水乙醚 | 分析纯 | 适量 | |
| 二甲亚砜 | 分析纯 | 17 mL | 5 h |
| 氯化亚铁晶体 | 分析纯 | 5 g(25.1 mmol) | |
| 2 mol/L 盐酸 | — | 适量 | |
| 无水硫酸钠 | 分析纯 | 适量 | |

### 2. 实验装置

环戊二烯二聚体的解聚采用安装带有分馏柱、直形冷凝管及控温的反应装置,环戊二烯钾的制备采用回流反应装置,如图 3-29 所示。

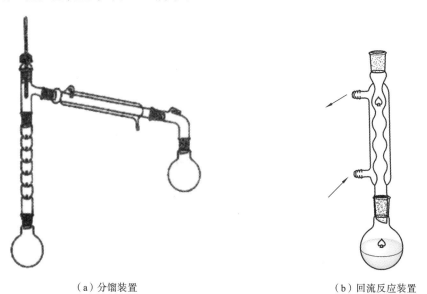

（a）分馏装置　　　　　　　　　　（b）回流反应装置

图 3-29　实验装置

## 四、实验内容

### 1. 环戊二烯二聚体的解聚

在 25 mL 圆底烧瓶中,加入 6 mL 双环戊二烯,再依次装上分馏柱、温度计、直形冷凝管及接收瓶。逐渐升温至 160 ℃左右,收集馏出液。当尾接管内不再有馏出液流出时,逐渐升至 180 ℃,继续收集馏出液,约 5 mL。蒸馏出的环戊二烯应当天使用完,否则会再次聚合。

### 2. 二茂铁的合成

在 100 mL 干燥的圆底烧瓶中,加入 17 g 氢氧化钾和 40 mL 无水乙醚。然后,搅拌下缓慢加入 4 mL 新蒸的环戊二烯。瓶口再装上冷凝管,开通冷凝水,水浴加热,回流反应 20 min。此时,反应瓶内将生成环戊二烯钾。

在 50 mL 烧杯中,加入 17 mL 二甲亚砜和 2 mL 无水乙醚,再加入 5 g 氯化亚铁晶体,加热搅拌使其溶解。将溶解后的溶液转移至事先盛有 2 mL 无水乙醚的滴液漏斗中,在搅拌下缓慢滴加到含环戊二烯钾的反应瓶中,滴加完毕后继续搅拌 1 h。分出乙醚层,残渣用 20 mL 无水乙醚分 2 次萃取,合并乙醚层。用 10 mL 2 mol/L 盐酸将乙醚层洗涤 2 次,用水洗涤 2 次,最后用无水硫酸钠干燥。过滤,除去干燥剂。

滤液用水浴加热,除去乙醚,得橙红色二茂铁粗品,最后升华得到金黄色片状结晶。产品用毛细管法测其熔点,并用压片法测定二茂铁的红外光谱。

## 五、实验结果

| 品名 | 性状 | 熔点/℃ | 红外光谱数据 | 实际产量/g | 理论产量/g | 产率/(%) |
|------|------|--------|--------------|------------|------------|----------|
|      |      |        |              |            |            |          |

## 六、注意事项

1. 环戊二烯容易发生二聚,所以制备的环戊二烯应当天使用完毕。
2. 乙醚的沸点比较低,很容易挥发,因此量取的乙醚应立即使用。
3. 用乙醚分液萃取时,分液漏斗一定要记得"放气"。

## 七、思考题

1. 环戊二烯与氢氧化钾反应生成环戊二烯钾的原理是什么?
2. 分出的乙醚层用 2 mol/L 盐酸洗涤的目的是什么?
3. 利用升华法提纯的物质应该具备哪些特性?

# 实验 32　8-羟基喹啉的合成

## 一、实验目的

1. 学习 8-羟基喹啉的合成原理及方法。
2. 掌握水蒸气蒸馏的原理。
3. 熟练掌握回流加热、水蒸气蒸馏及重结晶等基本操作。

## 二、实验原理

以邻氨基苯酚、邻硝基苯酚、无水甘油和浓硫酸为原料,合成 8-羟基喹啉。浓硫酸的作用是使甘油脱水形成丙烯醛,并促使邻氨基苯酚和丙烯醛间的加成产物发生脱水成环反应。邻硝基苯酚作为弱氧化剂,能将成环产物 8-羟基-1,2-二氢喹啉氧化成 8-羟基喹啉,而邻硝基苯酚本身被还原成邻氨基酚,又可参与缩合反应。该反应的具体过程为

## 三、试剂与实验装置

### 1. 试剂及用量

| 试　　剂 | 规　　格 | 用　　量 | 预计实验时间 |
|---|---|---|---|
| 无水甘油 | 分析纯 | 7.5 mL | |
| 邻硝基苯酚 | 分析纯 | 1.8 g(13 mmol) | |
| 邻氨基苯酚 | 分析纯 | 2.8 g(25 mmol) | |
| 浓硫酸 | 分析纯 | 4.5 mL | 6 h |
| 50%氢氧化钠溶液 | — | 7 mL | |
| 饱和碳酸钠溶液 | — | 5 mL | |
| 乙醇 | 分析纯 | 适量 | |

**2. 实验装置**

实验装置如图 3-30 所示。

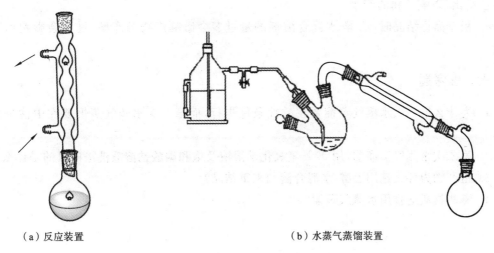

（a）反应装置　　　　　　　　　　　　　　　（b）水蒸气蒸馏装置

图 3-30　实验装置

## 四、实验内容

在 50 mL 圆底烧瓶中，依次加入 1.8 g 邻硝基苯酚、2.8 g 邻氨基苯酚和 7.5 mL 无水甘油，振荡使之混匀。在冰水浴下，慢慢滴入 4.5 mL 浓硫酸并不断振荡。瓶口装上回流冷凝管并接通冷凝水，缓慢加热至微沸 15 min。待反应缓和后，继续加热回流 1 h。

反应结束后，向烧瓶中加入 15 mL 水，充分摇匀，利用水蒸气蒸馏除去未反应的邻硝基苯酚，直至馏分由浅黄色变为无色为止。待瓶内液体冷却后，依次缓慢滴加 7 mL 50% 的氢氧化钠溶液及 5 mL 饱和碳酸钠溶液，使溶液 pH 值呈中性，最后再加入 20 mL 水进行水蒸气蒸馏，蒸出产物 8-羟基喹啉，粗产品约 3 g。

将粗产品转移到 100 mL 烧杯中，加入 30 mL 乙醇-水混合溶剂（体积比 4∶1），缓慢加热至沸腾，且不断搅拌，让固体完全溶解。如果仍有少量固体未溶解，再补加 5～10 mL 混合溶剂。待固体完全溶解后，停止加热，静置冷却至室温。如果析出固体量较少，可在冰水浴中再冷却。待 8-羟基喹啉结晶全部析出后，抽滤。依次用少量乙醇和乙醚洗涤产品，得淡黄色针状晶体。纯 8-羟基喹啉的熔点为 72～74 ℃。

## 五、实验结果

| 品名 | 性状 | 熔点/℃ | 实际产量/g | 理论产量/g | 产率/(%) |
|------|------|--------|-----------|-----------|----------|
|      |      |        |           |           |          |

## 六、注意事项

1. 该反应是放热反应，溶液微沸时，表明反应已开始，不应再加热，防止冲料。

2. 第一次水蒸气蒸馏是除去未反应的原料邻硝基苯酚，第二次水蒸气蒸馏是蒸出产物 8-羟基喹啉。

3. 在第二次水蒸气蒸馏前,加入的氢氧化钠溶液应足以使 8-羟基喹啉硫酸盐(包括邻羟基苯胺硫酸盐)被中和,所以此步骤检测的 pH 值应大于 7(为 7～8)。但如果过高,也会造成酚钠盐析出,影响产物的产率。

4. 粗产品重结晶时,乙醇-水混合溶剂的量过多会影响产物的产率,过少会影响产物的纯度。

## 七、思考题

1. 为什么第一次水蒸气蒸馏要在酸性条件进行,而第二次水蒸气蒸馏要在中性条件下进行?

2. 第二次水蒸气蒸馏前,用 50％氢氧化钠溶液及饱和碳酸钠溶液洗涤的目的是什么?

3. 粗产物为什么选用乙醇-水混合溶剂来重结晶?

4. 哪些物质适合用水蒸气蒸馏?

# 实验 33　从茶叶中提取咖啡因

## 一、实验目的

1. 学习从植物中提取生物碱的原理及方法。
2. 学会脂肪提取器(索氏提取器)的安装及使用。
3. 练习用升华法纯化咖啡因的方法。

## 二、实验原理

茶叶中含有多种生物碱,其中以咖啡因为主,占 $1\%\sim5\%$。咖啡因是杂环化合物嘌呤的衍生物,它的化学名称为 1,3,7-三甲基-2,6-二氧嘌呤,它是弱碱性化合物,易溶于氯仿($12.5\%$)、水($2\%$)及乙醇($2\%$)等,其结构式如下:

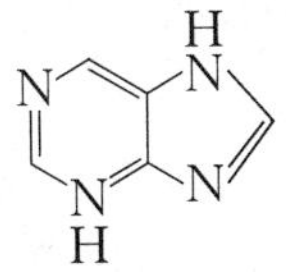

嘌呤 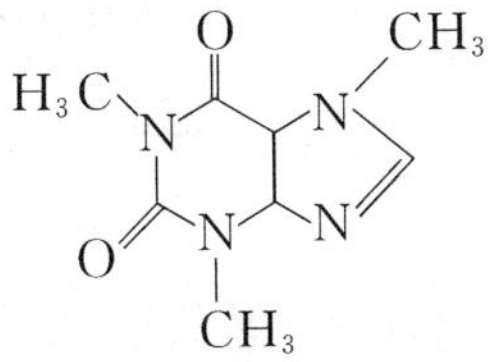　　　　　　　　　咖啡因

提取茶叶中的咖啡因,往往是利用适当的溶剂(如氯仿、乙醇、苯等)在脂肪提取器中连续萃取,然后蒸出溶剂,即得粗咖啡因。粗咖啡因中还含有一些生物碱和杂质,利用升华法可进一步纯化。本实验选用 $95\%$ 乙醇作为溶剂来提取茶叶中的咖啡因。

## 三、试剂与实验装置

### 1. 试剂及用量

| 试　剂 | 规　格 | 用　量 | 预计实验时间 |
|---|---|---|---|
| 茶叶 | — | 10 g | |
| 95％乙醇 | 分析纯 | 150 mL | 5 h |
| 生石灰粉 | — | 适量 | |

### 2. 实验装置

实验装置如图 3-31 所示。

## 四、实验内容

### 1. 咖啡因的提取

称取 10 g 茶叶,装入滤纸筒内,上下端封好,装入索氏提取器中。烧瓶中加入 150 mL $95\%$ 的乙醇和几块沸石,装好索氏提取器,接通冷凝水,用电热套加热至回流,连续提取 6~8 次,索氏提取器内液体的颜色变得很浅。当冷凝液刚刚虹吸下去时,立即停止加热。

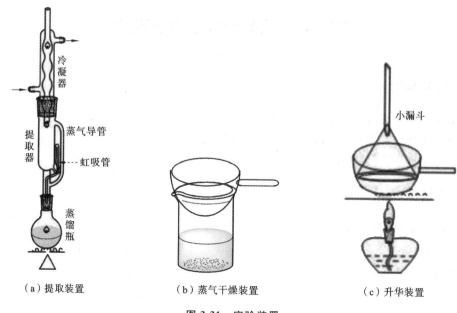

（a）提取装置                （b）蒸气干燥装置              （c）升华装置

图 3-31    实验装置

**2. 回收乙醇**

待烧瓶内液体冷却后,改成蒸馏装置,水浴加热,回收大部分溶剂乙醇,待剩下 15～20 mL 后,停止蒸馏,趁热将残液转入蒸发皿中,蒸馏瓶用少量乙醇洗涤,洗涤液合并于蒸发皿中,在蒸气浴上浓缩至残液约 10 mL。

**3. 升华提纯**

在盛有浓缩残液的蒸发皿中加入 4 g 生石灰粉,用玻璃棒搅拌均匀,在蒸气浴上蒸干。然后将蒸发皿转移至石棉网上用酒精灯小火炒片刻(酒精灯火焰不能太大,以免咖啡因升华),使水分全部除去,冷却后,擦去沾在蒸发皿边沿上的粉末,以免升华时污染产物。

在蒸发皿上罩上一个事先刺了许多小孔的滤纸和一个倒扣的玻璃漏斗,漏斗口用棉花塞住。将蒸发皿在石棉网上小火加热,进行升华。当滤纸上出现白色毛状结晶时,适当控制火焰,如发现有棕色烟雾时,停止加热。冷却后小心地揭开漏斗和滤纸,仔细将附在滤纸及器皿周围的咖啡因晶体用小刀刮入称量纸上,称重,测定熔点。产量约为 100 mg,纯净的咖啡因熔点为 234.5 ℃ 。

## 五、实验结果

| 品名 | 性状 | 熔点/℃ | 实际产量/g | 理论产量/g | 产率/(%) |
|---|---|---|---|---|---|
|  |  |  |  |  |  |

## 六、注意事项

1. 提取时,溶剂蒸气从导气管上升到冷凝管中,被冷凝成液体后,滴入提取器中,萃取出茶叶中的可溶物,此时溶液呈深草青色,当液面上升到与虹吸管一样高时,提取液就从虹吸管流入烧瓶中,这为一次虹吸。

2. 实验中用滤纸制作茶叶袋也很讲究,其高度不要超过虹吸管,否则提取时,高出虹吸管的那部分就不能浸在溶剂中,提取效果就不好。纸袋的粗细应与提取器内筒的大小相适,若太细,在提取时会漂起来;若太粗,会装不进去,即使强行装进去,但由于装得太紧,溶剂不好渗透,提取效果不好,甚至不能虹吸。另外,茶叶袋的上下端也要包严,防止茶叶末漏出,堵塞虹吸管。

3. 本实验的关键是升华这一步,一定要小火加热,慢慢升温,最好是酒精灯的火焰尖刚好接触石棉网,徐徐加热 10～15 min。如果火焰太大,加热太快,滤纸和咖啡因都会炭化变黑;如果火焰太小,升温太慢,会浪费时间,致使部分咖啡因来不及升华,影响收率。

## 七、思考题

1. 如何提高萃取的效率?
2. 在萃取液中,可能含有哪些物质?
3. 加入生石灰粉的作用是什么?
4. 升华方法适用于哪些物质的纯化?

# 实验 34　从橙皮中提取橙皮苷

## 一、实验目的

1. 学习橙皮苷的提取精制操作。
2. 掌握橙皮苷的结构特点和理化性质。
3. 掌握天然产物的提取技术。

## 二、实验原理

橙皮中含有丰富的糖类,如橙皮苷、果胶及色素等,在食品和医药中有广泛的用途。橙皮苷为灰白色粉末状物质,难溶于水,微溶于乙醇,具有较高的药用价值,能维持血管的正常渗透压,降低血管脆性,缩短出血时间。此外,橙皮苷是合成新型甜味剂二氢查耳酮的主要原料,其结构式如下:

橙皮先用热水浸泡法除去果胶,然后残渣经水浸泡、碱溶液处理、酸化等步骤即可提取出橘皮苷。

## 三、试剂与实验装置

### 1. 试剂及用量

| 试　　剂 | 规　　格 | 用　　量 | 预计实验时间 |
|---|---|---|---|
| 干橙皮 | — | 8 g | |
| 100 g/L CaCl$_2$ 溶液 | — | 3 mL | |
| 饱和石灰水 | — | 40 mL | 5 h |
| 100 g/L NaOH 溶液 | — | 3 mL | |
| 无水 NaHSO$_3$ | 分析纯 | 0.05 g | |
| 2 mol/L 盐酸 | — | 适量 | |

### 2. 实验仪器

250 mL 烧杯、纱布、玻璃棒、抽滤瓶、布氏漏斗。

## 四、实验步骤

称取 8 g 已捣碎的干橙皮于 250 mL 烧杯中,加入 70 mL 约 70 ℃的热水,浸泡 2 h。然后用纱布过滤,滤渣再置于 250 mL 烧杯中,加入 30 mL 蒸馏水,再依次加入 3 mL 浓度为 100 g/L CaCl₂溶液、40 mL 饱和石灰水、3 mL 浓度为 100 g/L NaOH 溶液及 0.05 g 无水 NaHSO₃,以上依次加入时都要充分搅拌。然后,水浴加热,于 45 ℃下反应 1 h。

反应体系用纱布过滤,舍弃滤渣,滤液置于 250 mL 烧杯中,用 2 mol/L 盐酸调节 pH 值至 5～6,自然冷却,待橙皮苷完全析出,减压抽滤,固体干燥并称重。产品的熔点为 260～262 ℃。

测定其红外光谱,并与标准谱图进行对比。

## 五、实验结果

| 品名 | 性状 | 熔点/℃ | 红外光谱数据 | 实际产量/g | 理论产量/g | 产率/(%) |
|------|------|--------|-------------|-----------|-----------|---------|
|      |      |        |             |           |           |         |

## 六、注意事项

1. 干橙皮要预先捣碎,在热水中浸泡会更充分。
2. 依次加入氯化钙溶液、饱和石灰水及氢氧化钠溶液时,体系都要充分搅拌。
3. 纱布过滤所得滤液的 pH 值要调至弱酸性。

## 七、思考题

1. 依次加入氯化钙溶液、饱和石灰水及氢氧化钠溶液的目的分别是什么?
2. 加入无水亚硫酸钠的目的是什么?
3. 纱布过滤后的滤液 pH 值为什么要调至弱酸性?
4. 与滤纸相比,纱布过滤有什么优点?

# 实验 35　从肉桂中提取肉桂醛

## 一、实验目的

1. 了解从天然产物中提取有效成分的方法。
2. 掌握水蒸气蒸馏的原理。
3. 熟悉索氏提取器及水蒸气蒸馏的操作技术。

## 二、实验原理

肉桂醛是一种醛类有机化合物,为黄色黏稠状液体,大量存在于肉桂等植物体内。肉桂醛易溶于醇、醚,难溶于水、甘油和石油醚。肉桂醛是一类丙烯醛衍生物,其分子结构式如下:

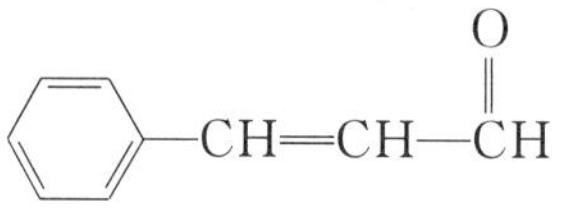

$$\text{〇—CH}=\text{CH—CH}\overset{\text{O}}{\phantom{=}}$$

本实验选用乙醇作溶剂来提取肉桂皮中的肉桂醛,并采用水蒸气蒸馏、减压蒸馏的方法来分离纯化肉桂醛。

## 三、试剂与实验装置

### 1. 试剂及用量

| 试　剂 | 规　格 | 用　量 | 预计实验时间 |
|---|---|---|---|
| 肉桂皮 | — | 100 g | |
| 95%乙醇 | 分析纯 | 250 mL | |
| NaCl 固体 | 分析纯 | 适量 | 6 h |
| 乙醚 | 分析纯 | 120 mL | |
| 无水 CaCl$_2$ | 分析纯 | 适量 | |

### 2. 实验装置

实验装置如图 3-32 所示。

## 四、实验内容

### 1. 提取

采集 100 g 肉桂皮,用固体粉碎机碾成粉末,装入滤纸筒内,然后放入索氏提取器内。量取 95%乙醇 250 mL,其中 150 mL 加入到圆底烧瓶中,100 mL 加入到提取器内。在圆底烧瓶中加入几颗沸石,电热套加热,温度控制在 90 ℃左右,使乙醇保持回流状态,让提取器内溶液

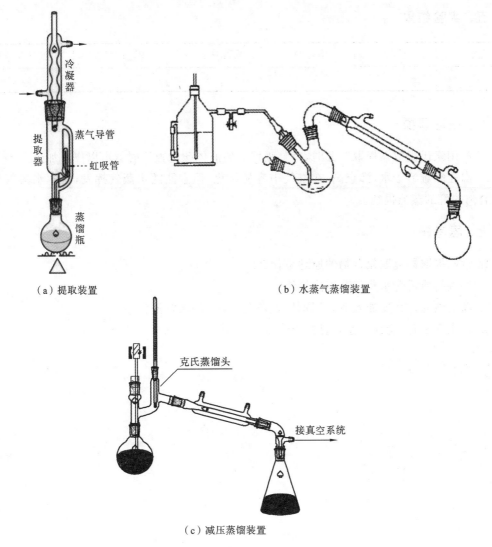

（a）提取装置　　　　　　　　　　　（b）水蒸气蒸馏装置

（c）减压蒸馏装置

**图 3-32　实验装置**

虹吸到圆底烧瓶内 6～8 次。经多次浸泡虹吸，提取器内液体颜色将变得很浅，待提取器内回流液刚虹吸下去时，停止加热。

**2. 蒸馏**

在圆底烧瓶中加入沸石，电热套加热，蒸馏回收提取液中的乙醇。待温度计读数突然下降时，表明乙醇已全部蒸馏出来，停止加热。改用水蒸气蒸馏，浅黄色油滴经冷凝管流入圆底烧瓶，直至无油滴出现，停止蒸馏，收集馏出液。

**3. 分离**

馏出液中加 NaCl 固体，使水溶液达到饱和，从而降低肉桂醛在水中的溶解度。用120 mL乙醚分 3 次萃取，分出乙醚层。合并乙醚萃取液，并加入适量无水 $CaCl_2$ 干燥，过滤，除去干燥剂。将乙醚萃取液转入 250 mL 圆底烧瓶中，改用蒸馏装置，水浴加热把乙醚全部蒸出，再采用减压蒸馏，收集 150～151 ℃（100 mmHg）的馏分，馏出液即为纯净的肉桂醛。

## 五、实验结果

| 品名 | 性状 | 沸点/℃ | 实际产量/g | 理论产量/g | 产率/(%) |
|------|------|--------|-----------|-----------|----------|
|      |      |        |           |           |          |

## 六、注意事项

1. 利用索氏提取器提取产品时,待虹吸回流的液体颜色很浅时就可以停止加热。

2. 肉桂醛难溶于水,沸点高,在空气中容易氧化,但它能随水蒸气挥发,因此水蒸气蒸馏法适合肉桂醛的蒸馏提纯。

## 七、思考题

1. 索氏提取器提取化合物的原理是什么?

2. 哪些物质适合水蒸气蒸馏法提纯?

3. 馏出液为什么要加入 NaCl 固体,而不是 NaCl 的水溶液?

4. 减压蒸馏时,能否快速升温? 为什么?

## 实验 36　生物柴油的制备

### 一、实验目的

1. 了解绿色能源的概念。
2. 掌握生物柴油的制备原理及方法。

### 二、实验原理

生物柴油作为可再生生物质新能源,已经在全世界范围内引起了广泛的关注。众所周知,普通柴油是从石油中提炼的,而"生物柴油"则从动物、植物的脂肪中提取。

本实验采用化学方法制备生物柴油。化学法生物柴油制备技术是将动植物油脂的主要成分(脂肪酸甘油酯)转化成为脂肪酸低碳烷基酯,从根本上改变其流动性和黏度,以适合用作柴油内燃机的燃料。

酯化和酯交换反应是生物柴油的主要生产方法,通过用动植物油脂和甲醇等低碳一元醇进行酯化或转酯化反应,生成相应的脂肪酸低碳烷基酯,再经分离甘油、水洗、干燥等处理即得生物柴油,但过多的酸和甘油的存在会影响生物柴油的质量。因此,在制备生物柴油时,一定要先测定柴油中脂肪酸的含量,并且把产品中的甘油尽量分离开。如果脂肪酸的含量小于 0.5%,就可以直接进行碱催化的酯交换反应;如果大于 0.5%,就需要先进行酸催化的酯化反应。生物柴油制备的示意图如图 3-33 所示:

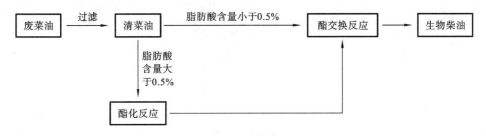

**图 3-33　生物柴油的制备示意图**

通常,合格的生物柴油要求各种形式的甘油(游离和非游离)的质量分数要小于 0.25%,游离的甘油质量分数要小于 0.02%。

### 三、试剂与实验装置

#### 1. 试剂及用量

| 试　　剂 | 规　　格 | 用　　量 | 预计实验时间 |
|---|---|---|---|
| 废菜油 | — | 适量 | |
| 甲醇 | 分析纯 | 30 mL | |
| 异丙醇 | 分析纯 | 75 mL | 5 h |
| 酚酞指示液 | — | 适量 | |

续表

| 试　剂 | 规　格 | 用　量 | 预计实验时间 |
|---|---|---|---|
| 0.1 mol/L 的 KOH 溶液 | — | 适量 | |
| NaOH 固体 | 分析纯 | 0.4 g | |
| 二氯甲烷 | 分析纯 | 18 mL | |
| 高碘酸 | 分析纯 | 50 mL | 5 h |
| KI 溶液 | — | 30 mL | |
| 标准 Na₂S₂O₃ 溶液 | — | 适量 | |
| 淀粉指示剂 | — | 适量 | |
| 冰醋酸 | 分析纯 | 2.5 mL | |

### 2. 实验装置

本实验通过酯交换制备生物柴油,其反应装置如图 3-34 所示。

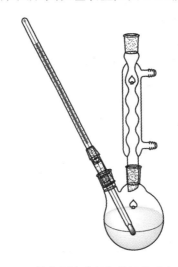

**图 3-34　带有回流冷凝与控温的反应装置**

## 四、实验内容

### 1. 过滤

收集来的废菜油用漏斗进行过滤,去除悬浮杂质。

### 2. 滴定

在 250 mL 的锥形瓶中加入 35 g 过滤后的菜油,再加入 75 mL 异丙醇和酚酞指示剂溶液,用 0.1 mol/L 的 KOH 标准溶液滴定。滴定两次,并计算菜油中含有的脂肪酸的含量。

### 3. 酯交换制备生物柴油

称取 0.4 g NaOH 固体粉末,加入到盛有 30 mL 甲醇的圆底烧瓶中,搅拌 5～10 min,直至 NaOH 全部溶解在甲醇中。再加入 35 g 菜油,装上冷凝管,于 50 ℃下反应 30 min。在反应过程中,不断检查菜油是否与甲醇溶液混合均匀。反应结束后,冷却反应液,然后转入到分液漏斗中,静置,分液得到上层溶液。

**4. 制备的生物柴油中自由甘油和总甘油含量的测定**

(1) 游离甘油含量的测定。

称取 2 g 制备所得的生物柴油于 100 mL 烧杯中,加入 9 mL 二氯甲烷和 50 mL 水,充分搅拌,转入分液漏斗中静置。分离出所有水层溶液,并置于 250 mL 锥形瓶中,再加入 25 mL 高碘酸,充分摇匀,盖上瓶塞,避光静置 30 min。然后加入 10 mL KI 溶液,稀释样品至 125 mL,用标准 $Na_2S_2O_3$ 溶液滴定,当橘红色快要褪去时,加入 2 mL 淀粉指示剂继续滴定,直至蓝色消失。

(2) 空白试验。

取 50 mL 水至 250 mL 锥形瓶中,加入 25 mL 高碘酸,充分摇匀,再加入 10 mL KI 溶液,稀释样品至 125 mL,用标准 $Na_2S_2O_3$ 溶液滴定,当橘红色快要褪去时,加入 2 mL 淀粉指示剂继续滴定,直至蓝色消失。

(3) 总甘油含量的测定。

在 50 mL 圆底烧瓶中,加入 5 g 制备所得生物柴油和 15 mL 用 95% 乙醇配制的 0.7 mol/L KOH 溶液,回流 30 min。再向反应液中加入 9 mL 二氯甲烷和 2.5 mL 冰醋酸,将溶液全部转移到分液漏斗中,加入 50 mL 蒸馏水,充分振荡,静置,分离出所有水层溶液,再加入 25 mL 高碘酸,充分摇匀,盖上瓶盖,静置 30 min。然后加入 10 mL KI 溶液,稀释样品至 125 mL,用标准 $Na_2S_2O_3$ 溶液滴定,当橘红色快要褪去时,加入 2 mL 淀粉指示剂继续滴定,直至蓝色消失。

## 五、实验结果

| 品名 | 性状 | 实际产量/g | 理论产量/g | 产率/(%) | 游离甘油的含量/g | 总甘油的含量/g |
|------|------|------------|------------|----------|------------------|----------------|
|      |      |            |            |          |                  |                |

## 六、注意事项

1. 在酯交换制备生物柴油前,一定要准确地计算出菜油中脂肪酸的含量。
2. NaOH 固体要碾碎,以便完全溶于甲醇中。
3. 用标准 $Na_2S_2O_3$ 溶液滴定时,在临近滴定终点前,滴加速度一定要慢。

## 七、思考题

1. 酯交换制备生物柴油时,为什么要加入 NaOH 固体?
2. 游离甘油和总甘油含量的判断原理是什么?
3. 测定总甘油含量时,向反应液中加入冰醋酸的目的是什么?

# 实验 37  绿色植物中色素的提取和分离

## 一、实验目的

1. 通过绿色植物中色素的提取和分离,了解天然物质的分离提纯方法。
2. 掌握薄层色谱、柱色谱的原理及操作方法,巩固微量有机物色谱分离与鉴定的原理。

## 二、实验原理

绿色植物的叶、茎中,如菠菜叶含有叶绿素(绿)、胡萝卜素(橙)和叶黄素(黄)等多种天然色素。叶绿素是吡咯衍生物与金属镁的络合物,是植物进行光合作用所必需的催化剂。它存在两种结构相似的形式,即叶绿素 a($C_{55}H_{72}O_5N_4Mg$)和叶绿素 b($C_{55}H_{70}O_6N_4Mg$)。胡萝卜素($C_{40}H_{56}$)是具有长链结构的共轭多烯,共有三种异构体,即 α-胡萝卜素、β-胡萝卜素和 γ-胡萝卜素,其中 β-胡萝卜素含量最多。叶黄素($C_{40}H_{56}O_2$)是胡萝卜素的羟基衍生物,较易溶于醇,在石油醚中溶解度较低。叶绿素 a、叶绿素 b、叶黄素(黄)和 β-胡萝卜素的结构式如下:

叶绿素 a　（$R_1 = CH_3$）
叶绿素 b　（$R_1 = CHO$）

β-胡萝卡素（$R_2 = H$）　　　　　　　叶黄素（$R_2 = OH$）

本实验根据植物色素在特定溶剂中的溶解度情况,将菠菜叶中的胡萝卜素(橙)、叶黄素(黄)、叶绿素 a 和叶绿素 b 提取出来,并通过柱色谱(层析)、薄层色谱(层析)对上述几种色素进行分离和鉴定。

## 三、试剂与实验装置

### 1. 试剂及用量

| 试　　剂 | 规　　格 | 用　　量 | 预计实验时间 |
|---|---|---|---|
| 新鲜菠菜 | — | 20.0 g | |
| 甲醇 | 分析纯 | 适量 | |
| 硅胶 G | — | 1.5 g | |
| 中性氧化铝 | 100～200 目 | 20.0 g | 6～8 h |
| 石油醚 | 60～90 ℃ | 适量 | |
| 乙酸乙酯(或丙酮) | 分析纯 | 适量 | |
| 羧甲基纤维素钠(CMC-Na) | 0.5％水溶液 | 适量 | |

### 2. 实验仪器

电子天平、研钵、布氏漏斗、圆底烧瓶、电炉、滴管、显微载玻片、层析缸、滤纸、少量脱脂棉、层析柱。

## 四、实验内容

### 1. 菠菜叶中色素的提取

取 20 g 新鲜菠菜叶,洗净,用滤纸吸干、剪碎,于研钵中研磨 5 min,加入 20 mL 甲醇,研磨后抽滤,弃去滤液。将菜叶和菜渣放回研钵,每次用 10 mL 石油醚-甲醇(体积比 3∶2)的混合液提取,共提取两次,每次需研磨并抽滤。将两次提取液合并过滤,滤液转移到分液漏斗中。加入等体积的水洗涤后,弃去水-甲醇层,将石油醚层转入干燥的锥形瓶中用无水硫酸钠干燥。在旋转蒸发仪上蒸除石油醚至体积为 2 mL 左右,得到菠菜叶色素的浓溶液。

### 2. 薄层色谱分析

取 1.5 g 硅胶 G 和 4 mL 0.5％的 CMC-Na 水溶液,调匀后制成 4 块薄层板,晾干后于 110 ℃ 活化 1 h。在距活化后的薄层板的一端 1 cm 处,轻轻划一横线作为起始线,再将菠菜叶色素浓溶液用甲醇配成 1％的溶液,用内径小于 1 mm 的毛细管在起始线上进行点样,斑点直径不超过 2 mm 为宜。待样点干燥后,分别以石油醚-乙酸乙酯(体积比 3∶2)和石油醚-丙酮(体积比 4∶1)两种混合液为展开剂,在密闭的层析缸中进行展开,在薄层板上确定出胡萝卜素、叶黄素和叶绿素的位置,并分别计算它们的 $R_f$ 值(化合物在薄层板上的上升高度与展开剂的上升高度的比值),比较不同展开剂的展开效果。

$$R_f = \frac{\text{化合物移动的距离}}{\text{展开剂移动的距离}}$$

### 3. 柱色谱分离色素[*]

将 20 g 中性氧化铝和 30 mL 石油醚干法装柱。在色谱柱中先加入 30 mL 石油醚,然后

---

[*] 通常用吸附来分离色素,常用的吸附剂有氧化铝、硅胶、氧化镁、碳酸钙、活性炭等。本实验选用中性氧化铝作为吸附剂。

将 20 g 中性氧化铝装入柱中,注意柱中不可有空气,必要时用装在玻璃棒上的橡皮塞轻轻敲击柱身。打开层析柱下部的活塞,放出多余的溶剂,至柱中氧化铝表面留有 1～2 mm 厚的溶剂层,柱中氧化铝表面切勿露出液面,以防空气进入。将菠菜色素的浓溶液用滴管小心地加到层析柱顶部,加完后打开下部活塞,让液面下降到柱面以上 1 mm 左右,关闭活塞。加入数滴石油醚,重新打开活塞,使液面下降,重复操作几次,使有色物质全部进入柱体内。待色素全部进入柱体后进行洗脱。

依次用洗脱剂石油醚-丙酮混合液(体积比 9∶1)洗出橙黄色的胡萝卜素,石油醚-丙酮混合液(体积比 7∶3)洗出黄色的叶黄素,丁醇-乙醚-水混合液(体积比 3∶1∶1)洗脱剂洗出蓝绿色的叶绿素 a 和黄绿色的叶绿素 b,收集各色带。将收集的各色带进行浓缩,再进行薄层色谱分析,并与前面的薄层分析结果进行比较。

### 五、实验结果

| 品名 | 性状 | 沸点/℃ | $R_f$ 值 | 溶解性 | 展开效果 |
| --- | --- | --- | --- | --- | --- |
| | | | | | |

### 六、注意事项

1. 甲醇有毒,务必在通风橱中使用,并戴上防护目镜。

2. 用石油醚萃取后抽滤时间不可太久,否则会把大量溶剂抽走。

3. 本实验用到一些易燃溶剂,应避免明火,注意安全。实验结束后,应回收溶剂。

4. 薄层层析时,薄层板的制备要厚薄均匀,表面要平整光洁。

5. 点样与展开应按要求进行,点样不能戳破薄层板面。展开时,不要让展开剂前沿上升至底线。否则,无法确定展开剂上升的高度。

### 七、思考题

1. 色谱法分离是根据什么原理进行的?

2. 柱色谱和薄层色谱主要应用在哪些方面?

3. 薄层色谱分析中常用展开剂的极性大小顺序是怎样的? 展开剂极性对样品的分离有何影响? 点样、展开、显色这三个步骤各要注意什么?

# 实验 38　偶氮苯和邻硝基苯胺的薄层分离

## 一、实验目的

1. 理解薄层色谱的基本原理和应用。
2. 熟练掌握薄层色谱的操作技术。

## 二、实验原理

薄层色谱（thin layer chromatography，TLC），又称薄层层析，属于固-液吸附色谱。样品在薄层板上的吸附剂（固定相）和溶剂（流动相）之间进行分离。由于不同化合物的吸附能力各不相同，在展开剂上移时，样品中各组分进行不同程度的解吸作用，即各组分都有自己特定的比移值（$R_f$，化合物迁移的距离与展开剂迁移的距离之比），从而达到不同化合物分离的效果。

## 三、试剂与实验装置

### 1. 试剂及规格

| 试　剂 | 规　格 | 预计实验时间 |
|---|---|---|
| 硅胶 G | 200 目 | |
| 石油醚 | 60～90 ℃ | |
| 乙酸乙酯 | 分析纯 | |
| 1% 羧甲基纤维素钠（CMC-Na）的水溶液 | — | |
| 1% 偶氮苯的乙酸乙酯溶液 | — | 4～6 h |
| 1% 邻硝基苯胺的乙酸乙酯溶液 | — | |
| 混合样液（1% 偶氮苯的乙酸乙酯溶液与 1% 邻硝基苯胺的乙酸乙酯溶液的混合液） | 体积比为 1∶1 | |
| 展开剂（石油醚与乙酸乙酯的混合溶液） | 体积比分别为 1∶2，1∶1，2∶1 | |

### 2. 实验装置

展开槽一只，载玻片（2.5 cm×7.5 cm）6 块，研钵，烘箱，直尺，毛细管。

## 四、实验内容

### 1. 配制 CMC-Na 溶液

按照每克羧甲基纤维素钠与 100 mL 蒸馏水的比例在圆底烧瓶中配料，加入几粒沸石，装上回流冷凝管，在石棉网上加热回流至完全溶解，用布氏漏斗抽滤，也可在配料后用力摇匀，放置数日后直接使用。

### 2. 调浆

称取适量的硅胶 G 于干净研钵中,按照每克硅胶 G 2.5~3 mL 溶剂的比例加入 CMC-Na 溶液,立即研磨,在半分钟内研成均匀的糊状。

### 3. 制板

将已经洗净烘干的载破片水平放置在台面上,用干净牛角匙舀取糊状物倒在载玻片上,迅速铺均匀。如不均匀,可轻敲载玻片的侧沿使其流动均匀。通常不可再加入糊状物,否则会造成局部过厚。每块板 1 满匙,铺制 6 块板,大约需要硅胶 G 3.5 g,铺板过程应在 3~5 min 内完成,干燥后即可得到薄层板。

### 4. 活化

待硅胶固化定型并晾干后,移入搪瓷盘内,放进烘箱烘焙,升温至 110~120 ℃保持半小时,切断电源,待冷却至不烫手时取出使用。如不急需使用,应放进干燥器中备用,或装进塑料袋中扎紧袋口备用。

### 5. 点样

如图 3-35 所示,在距薄层板一端约 1 cm 处用铅笔轻画一条水平横线作为起始线。用平口毛细管在起始线上点样,每块板上点两个样点,样点直径应小于 2 mm,间距至少 1 cm。如果溶液太稀,样点模糊,可待溶剂挥发后在原处重复点样。可留下三块薄层板作机动,其余三块薄层板上都点三个样点,依次为:(a)混合样;(b)偶氮苯;(c)邻硝基苯胺。

### 6. 展开

在展开槽中加入适量展开剂(见图 3-35),展开剂的深度在立式展开槽中约 0.5 cm,在卧式展开槽中约 0.3 cm,盖上盖子放置片刻。将点好样的薄层板放入,使点样一端向下,展开剂不得浸及样点。盖上盖子观察展开情况,当展开剂前沿爬升到距离薄板上端约 1 cm 时取出,立即用铅笔标出前沿位置,依次展开其余各板。

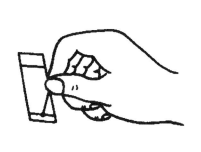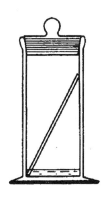

图 3-35 毛细管点样与薄层板在层析缸中展开图

### 7. 测量和计算

用直尺测量展开剂前沿及各样点中心到起始线的距离,计算各样点的 $R_f$ 值。

### 8. 比较分析

将三块薄层板并排平放在一起,比较分析由混合样所分离的样点中哪一个是偶氮苯,哪一个是邻硝基苯胺,并从样品分子结构、展开剂极性角度来解释其对 $R_f$ 值的影响。

## 五、实验结果

| 展开剂(石油醚：乙酸乙酯)比例 | 化合物 | $R_f$值 | 展开结果分析 |
|---|---|---|---|
| 1∶2 | 偶氮苯 | | |
| | 邻硝基苯胺 | | |
| | 混合样 | | |
| 1∶1 | 偶氮苯 | | |
| | 邻硝基苯胺 | | |
| | 混合样 | | |
| 2∶1 | 偶氮苯 | | |
| | 邻硝基苯胺 | | |
| | 混合样 | | |

## 六、注意事项

1. 薄层板的制备应注意两点：载玻片应干净且不被手污染及吸附剂在玻片上应均匀平整。

2. 点样与展开应按要求进行：点样不能戳破薄层板面，各样点间距 1~1.5 cm，样点直径应不超过 2 mm；展开时，不要让展开剂前沿上升至底线。否则，无法确定展开剂的上升高度，即无法求得 $R_f$ 值和准确判断粗产物中各组分在薄层板上的相对位置。

## 七、思考题

1. 薄层板的硅胶层如果铺得过厚，那么会对分离效果有什么影响？

2. 薄层色谱法点样应注意些什么？

3. 如果起始线浸入展开剂中是否会影响展开效果？

4. 常用的薄层色谱的显色剂是什么？

## 实验 39 "结晶玫瑰"——乙酸三氯甲基苯甲酯的合成

### 一、实验目的

1. 了解乙酸三氯甲基苯甲酯的合成方法。
2. 掌握醇与酸酐的酯化反应机理。
3. 复习蒸馏及抽滤等实验操作。

### 二、实验原理

"结晶玫瑰"是具有强烈玫瑰香气的结晶型固体香料,在香料和日用化工产品中具有广阔的应用价值,其化学名称为乙酸三氯甲基苯甲酯。通常用三氯甲基苯基甲醇和乙酸酐为原料制备,其反应方程式如下:

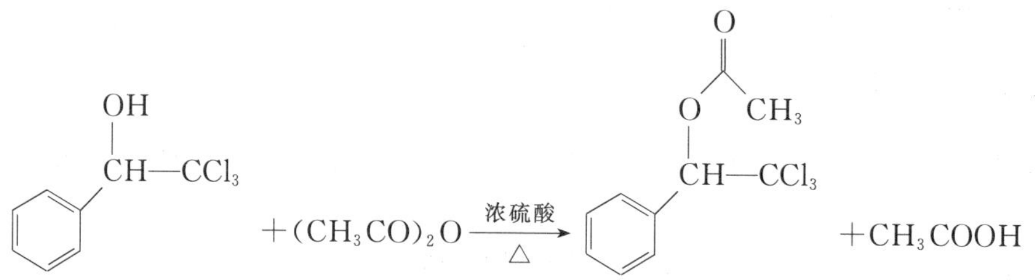

### 三、试剂与实验装置

#### 1. 试剂及用量

| 试　　剂 | 规　　格 | 用　　量 | 预计实验时间 |
|---|---|---|---|
| 苯甲醛 | 分析纯 | 1 mL(10 mmol) | |
| 氯仿 | 分析纯 | 10 mL | |
| 5 mol/L KOH 溶液 | — | 5 mL | |
| 5%盐酸 | 分析纯 | 适量 | 5 h |
| 乙酸酐 | 分析纯 | 0.66 mL(7 mmol) | |
| 浓硫酸 | 分析纯 | 适量 | |

#### 2. 实验装置

三氯甲基苯基甲醇与乙酸三氯甲基苯甲酯的合成反应装置,分别如图 3-36(a)、(b)所示。

### 四、实验内容

#### 1. 三氯甲基苯基甲醇的合成

在 25 mL 的三颈烧瓶中,加入 1 mL 苯甲醛及 10 mL 氯仿。在恒压滴液漏斗中加入 5 mL 5 mol/L KOH 溶液,缓慢滴加到反应瓶中。滴加完毕后,于 60 ℃下继续反应 30 min。待反应结束后,反应混合物依次用 10 mL 5%的盐酸及 10 mL 蒸馏水洗涤。将洗涤后的混合物蒸馏,

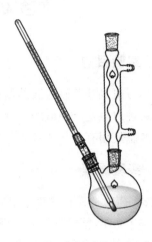

（a）带恒压滴液漏斗、回流冷凝管及控温的反应装置　　　　　　（b）带回流冷凝管与控温的反应装置

**图 3-36　实验装置**

除去其他有机杂质,然后加无水硫酸镁干燥,过滤。滤液即为粗制三氯甲基苯基甲醇。

**2. "结晶玫瑰"——乙酸三氯甲基苯基甲酯的合成**

在 25 mL 的两颈瓶中,加入 1 g 新制备的三氯甲基苯基甲醇及 0.66 mL 的乙酸酐,再加入 4 滴浓硫酸,缓慢升温至 110 ℃,反应 1 h。待反应完毕后,将反应液倒入冰水中,冷却结晶获得"结晶玫瑰"。

## 五、实验结果

| 品名 | 性状 | 熔点/℃ | 实际产量/g | 理论产量/g | 产率/(%) |
|------|------|--------|-----------|-----------|----------|
|      |      |        |           |           |          |

## 六、注意事项

1. 在合成三氯甲基苯基甲醇时,KOH 溶液一定要缓慢地滴加到反应瓶中。

2. 在合成"结晶玫瑰"时,用浓硫酸作为催化剂,加入的量不宜过多。

## 七、思考题

1. 在制备三氯甲基苯基甲醇时,反应混合物用 5% 的盐酸洗涤的目的是什么?

2. 在蒸馏三氯甲基苯基甲醇后,加入无水硫酸镁的目的是什么? 若未加入无水硫酸镁,直接将蒸馏所得物质进行后续反应,会对"结晶玫瑰"的产率有什么影响?

3. 加料时,应先加入三氯甲基苯基甲醇和乙酸酐,然后慢慢加入浓硫酸并搅拌,其目的是什么?

4. 将反应液倒入冰水中并冷却结晶,为什么就能获得较纯的"结晶玫瑰"?

# 实验 40　对氨基苯磺酰胺的制备

## 一、实验目的

1. 学习对氨基苯磺酰胺的制备方法。
2. 通过对氨基苯磺酰胺的制备掌握酰氯的氨解和乙酰氨基衍生物的水解。
3. 熟悉使用有害气体吸收装置和巩固回流、脱色、重结晶与过滤操作。

## 二、实验原理

磺胺类药物是具有抗菌作用的对氨基苯磺酰胺药物的总称,可用于预防和治疗细菌感染性疾病。1930 年,德国染料业发现一种偶氮染料对溶血性链球菌在鼠体内引起的疾病有良好疗效,但在体外则几乎完全无效。后来将偶氮基换成氨基得到对氨基苯磺酰胺,并发现它在体内外都有药效作用。磺胺是磺胺类药物的基本结构,也是药性的基本结构。磺胺类药物可达数千种,其中应用较广并具有一定疗效的就有几十种。

本实验以苯胺为原料制备对氨基苯磺酰胺,其化学反应方程式如下:

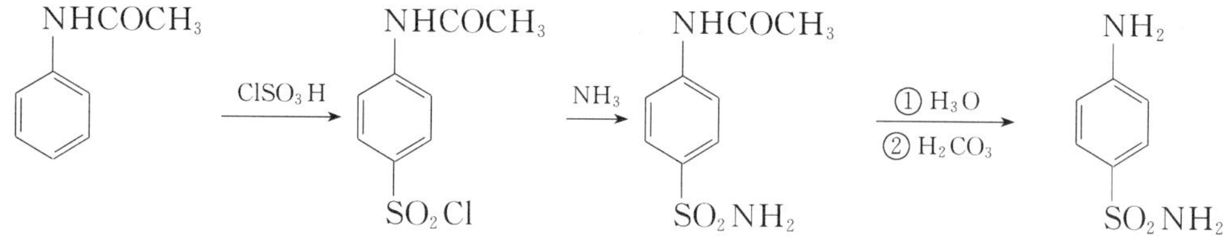

## 三、试剂与实验装置

### 1. 实验试剂及用量

| 试　剂 | 规　　格 | 用　　量 | 预计实验时间 |
|--------|----------|----------|--------------|
| 乙酰苯胺 | 分析纯 | 5 g | |
| 氯磺酸 | 分析纯 | 12.5 mL | |
| 浓氨水 | 分析纯 | 3.5 mL | 8 h |
| 浓盐酸 | 分析纯 | 适量 | |
| 碳酸钠 | 分析纯 | 适量 | |

### 2. 实验装置

实验装置是带尾气吸收的回流反应装置,如图 3-37 所示。

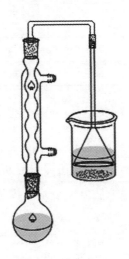

图 3-37 带尾气吸收的回流反应装置

## 四、实验内容

### 1. 对乙酰氨基苯磺酰氯的合成

将 5 g 干燥的乙酰苯胺加入至干燥的 100 mL 锥形瓶中,在石棉网上加热熔化乙酰苯胺,然后用冰浴冷却熔化物使其凝结成块(瓶壁上若有水汽凝结,用干净的滤纸吸去)。冰浴中迅速倒入 12.5 mL 氯磺酸,连接预先搭建好的尾气吸收装置吸收氯化氢气体。将锥形瓶从冰浴中取出,氯化氢气体剧烈地释放出来,若反应过于剧烈可用冰水浴冷却。待反应缓和后,反复旋摇锥形瓶使固体物全部溶解,再采用温水浴加热 10 min,使反应完全。最后,将锥形瓶置入冰浴中充分冷却,在通风橱中将反应混合液慢慢地倒入盛有 75 g 碎冰的烧杯中,同时用力搅拌。此时,对氨基苯磺酰氯以白色或粉红色块状沉淀析出。抽滤,粗品用少量冷水洗涤,压干。粗品不必干燥和提纯,直接用于下一步反应。

### 2. 对乙酰氨基苯磺酰胺的制备

在通风橱中,将上述产物转入 100 mL 的锥形瓶中,缓慢滴入 17.5 mL 浓氨水并不断搅拌。反应放热,产生白色糊状物。加完氨水后,在蒸气浴下继续搅拌 15 min,使反应完全。再在反应液中加入 10 mL 水,将锥形瓶置于石棉网上小火加热 10 min,不断搅拌以除去多余的氨。冷却反应液,抽滤得到固体,可直接进行下一步的合成。

### 3. 对氨基苯磺酰胺的合成

将上述反应物转入圆底烧瓶中,加入 3.5 mL 浓盐酸(通风橱中进行操作),小火加热回流 0.5 h。室温冷却后,得到几乎澄清的溶液。将溶液转移至大烧杯中,搅拌下逐步加入约 4 g 的碳酸钠,至反应液呈碱性(用石蕊试纸检测)。若冷却后有固体析出,应继续加热或补加盐酸使反应完全。每次加入碳酸氢钠溶液都会有泡沫产生,这是释放二氧化碳的缘故。在中和过程中,产物对氨基苯磺酰胺会析出。在冰浴中,充分冷却混合溶液,真空抽滤、冷水洗涤并压干。最后,以水为溶剂进行重结晶、抽滤、提纯,测定对氨基苯磺酰胺的产量,并计算产率。

## 五、实验结果

| 品名 | 性状 | 熔点/℃ | 实际产量/g | 理论产量/g | 产率/(%) |
|------|------|--------|-----------|-----------|---------|
|      |      |        |           |           |         |

## 六、注意事项

1. 氯磺酸对衣服和皮肤有很强的腐蚀性。氯磺酸遇水反应非常剧烈,暴露在空气中即冒出大量卤化氢气,取用时应格外小心。所有反应的仪器和药品应干燥。

2. 氯磺化反应较为剧烈,将乙酰苯胺凝结成块状固体后再反应,可使反应较为缓和。吸收卤化氢时要避免引起倒吸。

3. 乙酰苯胺的氯磺化反应需要避免局部过热,这是做好本实验的关键。因为在局部过热情况下可能会形成乙酰氨基的邻、对位都被取代的产物。

4. 用碳酸钠中和滤液中的盐酸时有大量二氧化碳产生,故需不停地搅拌并控制加热速度以防止反应液溢出。

5. 磺胺是一两性化合物,能在过量的碱溶液中变成盐类而溶解,故在中和反应时必须仔细以免降低产量。

6. 对乙酰氨基苯磺酰胺在稀酸中水解成磺胺,后者又与过量的盐酸生成水溶性的盐酸盐。所以水解完成后,反应液冷却时应无结晶析出。由于水解前溶液中氨的含量不同,加入 3.5 mL 盐酸有可能不够,因此在回流至固体全部消失前应测一下溶液的酸碱性。若酸性不够,应补加盐酸继续回流一段时间。

## 七、思考题

1. 为什么苯胺要乙酰化后再氯磺化?直接氯磺化可行吗?

2. 如何理解对氨基苯磺酰胺是两性物质?请用反应式表示磺胺与稀酸和稀碱的作用。

3. 为什么在氯磺化反应完成后处理反应混合物时,必须移到通风橱中且在充分搅拌下缓缓倒入碎冰中?若在未倒完前,冰就熔化完了,是否应补加冰块?为什么?

# 第 4 章　有机化合物的性质测定与结构分析

## 4.1　熔点的测定

### 一、实验目的

1. 了解熔点测定的意义。
2. 掌握熔点测定的操作方法。
3. 了解利用对纯粹有机化合物的熔点测定校正温度计的方法。

### 二、实验原理

熔点是固体有机化合物固液两态在大气压力下达成平衡的温度,纯净的固体有机化合物一般都有固定的熔点,固液两态之间的变化是非常敏锐的,自初熔至全熔的温度(称为熔程)变化一般不超过 1 ℃。含有杂质的物质的熔点一般比纯物质的要低,而且熔融过程中温度的变化也较大。这一特征可作为鉴别物质和定性检验物质纯度的方法。

加热纯有机化合物,当温度接近其熔点范围时,升温速度随时间变化约为恒定值,此时用加热时间对温度作图(见图 4-1)。化合物的温度不到熔点时以固相存在,加热使温度上升,达到熔点时,开始有少量液体出现,而后固液相平衡。继续加热,温度不再变化,此时加热所提供的热量使固相不断转变为液相,两相间仍为平衡,最后固体熔化后,继续加热则温度线性上升。因此在接近熔点时,加热速度一定要慢,每分钟温度升高不能超过 2 ℃,只有这样,才能使整个熔化过程尽可能接近于两相平衡条件,测得的熔点也越精确。

当含杂质时(假定两者不形成固溶体),根据拉乌尔定律可知,在一定的压力和温度条件下,在溶剂中增加溶质,导致溶剂蒸气分压降低(见图 4-2 中 $M'L'$),固液两相交点 $M'$ 即代表含有杂质化合物达到熔点时的固液相平衡共存点,$T'_M$ 为含杂质时的熔点,显然,此时的熔点较

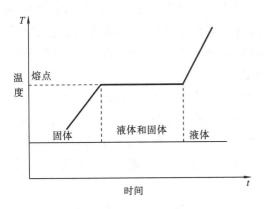

图 4-1　相随时间和温度的变化

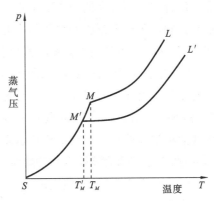

图 4-2　物质蒸气压随温度变化的曲线

纯粹者低。

## 三、试剂与仪器

### 1. 试剂

| 试　　剂 | 规　　格 |
|---|---|
| 浓硫酸 | 分析纯 |
| 乙酰苯胺 | 分析纯 |
| 尿素 | 分析纯 |

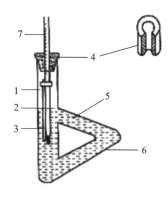

**图 4-3　提勒管测熔点装置**
1—橡皮圈；2—热浴液位置；
3—毛细管；4—开口软木塞；
5—热浴液；6—加热部位；7—温度计

### 2. 实验装置

本实验中采用提勒管测熔点装置，如图 4-3 所示。

## 四、实验内容

### 1. 样品的装入

将少许干燥的样品放置于干净的表面皿上，用玻璃塞将其研细并集成一堆。把毛细管开口一端垂直插入堆集的样品中，使一些样品进入管内，然后将该毛细管管口向上，垂直于桌面轻轻上下振动，使样品进入管底，再用力在桌面上下振动，尽量使样品装得紧密。或将装有样品、管口向上的毛细管，放入长50～60 cm 的垂直于桌面的玻璃管中，管下可垫一表面皿，使之从高处落于表面皿上，如此反复几次后，可把样品装实，样品高度为2～3 mm。熔点管外的样品粉末要擦干净以免污染热浴液体。装入的样品一定要研细、夯实，否则会影响测定结果。

### 2. 熔点的测定

按图 4-3 所示搭好装置，放入加热液（浓硫酸），用温度计水银球蘸取少量加热液，小心地将熔点管黏附于水银球壁上，或剪取一小段橡皮圈套在温度计和熔点管的上部，并使装样部分和温度计水银球处在同一水平位置。将黏附有熔点管的温度计小心地插入加热浴中，要使温度计水银球处于 b 形管两侧管的中心部位。以小火在图示部位加热，开始时升温速度可以快些（5 ℃/min），当传热液温度距离该化合物熔点 10～15 ℃时，调整火焰使每分钟上升 1～2 ℃，愈接近熔点，升温速度应愈缓慢，每分钟升温 0.2～0.3 ℃。

为了保证有充分时间让热量由管外传至毛细管内使固体熔化，升温速度是准确测定熔点的关键；另一方面，观察者不可能同时观察温度计所示读数和试样的变化情况，只有缓慢加热才可使此项误差减小。记录试样开始塌落并有液相产生（初熔）和固体完全消失（全熔）时的温度读数，两者之差即为该化合物的熔距。要注意观察在加热过程中试样是否有萎缩、变色、发泡、升华、炭化等现象，并如实记录。

熔点测定，至少要有两次的重复数据。每一次测定必须用新的熔点管另装试样，不得将已测过熔点的熔点管冷却，使其中试样固化后再做第二次测定。因为有时某些化合物部分分解，有些经加热会转变为具有不同熔点的其他结晶形式。

如测定未知物的熔点,应先对试样粗测一次,加热可以稍快,以知道大致的熔距。待浴温冷至熔点以下 30 ℃ 左右时,再另取一根装好试样的熔点管做准确的测定。一定要等浴液冷却后,方可将硫酸(或液体石蜡)倒回瓶中。温度计冷却后,用纸擦去硫酸方可用水冲洗,以免硫酸遇水发热使温度计水银球破裂。熔点测定后,温度计的读数须对照校正图进行校正。

**3. 温度计校正**

测熔点时,温度计上的熔点读数与真实熔点之间常有一定的偏差。这可能是由于以下原因造成的。首先,温度计的制作质量差,如毛细孔径不均匀,刻度不准确。其次,温度计有全浸式和半浸式两种,全浸式温度计的刻度是在温度计汞线全部均匀受热的情况下刻出来的,而测熔点时仅有部分汞线受热,因而露出的汞线温度较全部受热者低。为了校正温度计,可选用纯有机化合物的熔点作为标准或选用标准温度计校正。

选择数种已知熔点的纯化合物作为标准,测定它们的熔点,以观察到的熔点作为纵坐标,以测得熔点与已知熔点的差值作为横坐标,画成曲线图,即可从曲线图上读出任一温度的校正值。

## 五、实验结果

| 熔点/℃ | 第一次 | 第二次 | 第三次 | 结论 |
|---|---|---|---|---|
| | 始熔～全熔 | 始熔～全熔 | 始熔～全熔 | 始熔～全熔 |
| 乙酰苯胺 | | | | |
| 尿素 | | | | |

## 六、注意事项

1. 熔点管必须洁净,如含有灰尘等,能产生 4～10 ℃ 的误差。

2. 样品粉碎要细,填装要实,否则产生空隙,不易传热,造成熔程变宽。

3. 样品不干燥或含有杂质,会使熔点偏低,熔程变大。

4. 样品量太少不便观察,而且熔点偏低;样品太多会造成熔程变大,熔点偏高。

5. 观察和记录熔点温度范围(即熔程、熔点或熔距)时,样品开始萎缩(蹋落)并非熔化开始的指示信号,实际的熔化开始于能看到第一滴液体时,记录此时的温度,当所有晶体完全消失呈透明液体时再记下这时的温度,这两个温度即为该样品的熔点范围。

6. 升温速度应慢,让热传导有充分的时间。升温速度过快,熔点会偏高。

7. 熔点管壁太厚,热传导时间长,会产生熔点偏高。

8. 使用硫酸作加热浴液要特别小心,不能让有机物碰到浓硫酸,否则使浴液颜色变深,有碍温度观察。若出现这种情况,可加入少许硝酸钾晶体共热后使之脱色。采用浓硫酸作热浴,适用于测熔点在 220 ℃ 以下的样品。若要测熔点在 220 ℃ 以上的样品,可用其他热浴液。

## 七、思考题

测熔点时,若遇到下列情况,将产生什么结果?

1. 熔点管壁太厚。

2. 熔点管底部未完全封闭,尚有一针孔。

3. 熔点管不洁净。

4. 样品未完全干燥或含有杂质。

5. 样品研得不细或装得不紧密。

6. 加热太快。

# 4.2　沸点的测定

## 一、实验目的

1. 掌握微量液体沸点测定的原理和方法。
2. 了解沸点测定的意义及应用。

## 二、实验原理

　　液体的分子由于分子运动有从表面逸出的倾向,这种倾向随着温度的升高而增大,进而在液面上部形成蒸气。当分子由液体逸出的速度与分子由蒸气中回到液体中的速度相等时,液面上的蒸气达到饱和,称为饱和蒸气。它对液面所施加的压力称为饱和蒸气压。实验证明,液体的蒸气压只与温度有关,即液体在一定温度下具有一定的蒸气压。

　　当液体的蒸气压增大到与外界施于液面的总压力(通常是大气压力)相等时,就有大量气泡从液体内部逸出,即液体沸腾。这时的温度称为液体的沸点。若大气压力有变化,那么令液体化合物的蒸气压达到一定大气压力时的温度也发生变化,即沸点随大气压力变化而变化。外界压力为一个标准大气压时,水的沸点为 100 ℃。若外界压力增大,水的沸点也升高。

## 三、试剂与仪器

### 1. 试剂

| 试　　剂 | 规　　格 |
| --- | --- |
| 乙醇 | 分析纯 |
| 液体石蜡 | 分析纯 |
| 未知物 1 | 分析纯 |
| 未知物 2 | 分析纯 |

### 2. 实验仪器

实验仪器,如图 4-4 所示。

## 四、实验内容

　　按图 4-4 搭好装置,放入加热液(液体石蜡)。将内径为 3 mm 的毛细管,截取长 6～7 cm 的一段,将其一端封闭,作为装试料的外管。另取内径为 1 mm,长约 8 cm 的毛细管,作为内管。置 1～2 滴液体样品于沸点管的外管中,液柱高约 1 cm。再放入内管,然后将沸点管用橡皮圈套附于温度计旁,放入浴中进行加热。加热时,由于气体膨胀,内管中会有小气泡缓缓逸出,在到达该液体的沸点时,将有一连串的小气泡快速地逸出。此时可停止加热,使浴温自行下降,气泡逸出的速度即渐渐减慢。在气泡不再冒出而液体刚要进入内管的瞬间(即最后一个气泡刚欲缩回至内管中时),表示毛细管内的蒸气压与外界压力相等,此时的温度即为该液体的沸点。为校正起见,待温度下降几度后再非常缓慢地加热,记下刚出现大量气泡时的温度。

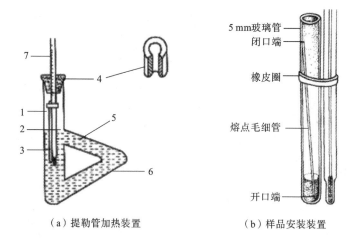

**图 4-4　实验装置**

1—橡皮圈；2—热浴液位置；3—毛细管；4—开口软木塞；5—热浴液；6—加热部位；7—温度计

两次温度计读数相差应该不超过 1 ℃。

## 五、实验结果

| 物质 | 沸点/℃ | 物质 | 沸点/℃ | 物质 | 沸点/℃ |
|---|---|---|---|---|---|
| 5%乙醇 | | 未知物 1 | | 未知物 2 | |

## 六、注意事项

1. 用微量法测定物质沸点，把最后一个气泡刚欲缩回至管内的瞬间温度作为该物质的沸点，因为最后一个气泡冒出时，说明沸点管中的蒸气压等于大气压，而沸点的定义是蒸气压等于大气压时的温度，所以此时温度即为沸点。

2. 实验存在着一定的偏差，这是由于：① 实验仪器本身就有仪器误差；② 实验操作部不规范或者有错误而没有发现，使实验结果产生偏差；③ 操作者的个人原因，如温度计读数时的判断。

## 七、思考题

1. 什么叫沸点？液体的沸点和大气压有什么关系？文献里记载的某物质的沸点是否即为实验者当地的沸点温度？

2. 如果液体具有恒定的沸点，那么能否认为它是单纯物质？

# 4.3　折射率的测定

## 一、实验目的

1. 熟悉阿贝折光仪的构造。
2. 掌握液体有机化合物折光率的测定方法。

## 二、实验原理

阿贝折光仪的简单原理:当单色光从介质 1 进入介质 2 时,由于传播速度的不同,发生了折射现象,根据光的折射定律,入射角 $i$ 和折射角 $r$ 有如下关系:

$$\frac{\sin i}{\sin \gamma} = \frac{v_1}{v_2} = \frac{n_2}{n_1} = n_{21} \tag{1}$$

式中:$v_1$,$v_2$ 分别为光在介质 1、2 中的传播速度;$n_1$、$n_2$ 分别为介质 1、2 的折光率;$n_{21}$ 为介质 2 相对于介质 1 的相对折光率。

若取真空为标准($n_1 = 1.0000$),则 $n_{21} = n_2$,称为介质 2 的绝对折光率。空气的绝对折光率为 1.00029,如以空气为标准,这时所得物质的折光率称为常用折光率。同一物质的这两种折光率之间的关系为

绝对折光率＝常用折光率×1.00029

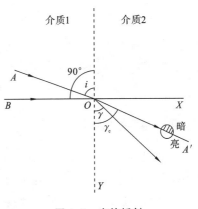

图 4-5　光的折射

由式(1)可知,如果 $n_2 > n_1$,则折射角 $\gamma$ 恒小于入射角 $i$。当入射角增加到 90°时,折射角也相应地增加到最大数值 $\gamma_c$,此时在介质 2 中从 $OY$ 到 $OA'$ 之间(见图 4-5)有光线通过。$OA'$ 到 $OX$ 之间为暗区。$\gamma_c$ 成为临界角,它决定明暗分界线的位置。当入射角为 90°时,式(1)可写成:

$$n_1 = n_2 \sin \gamma_c$$

即当固定一种介质(介质 2)时,临界角 $\gamma_c$ 的大小和折光率 $n_1$(表征介质 1 的性质)有简单的函数关系。阿贝折光仪就是根据这个原理设计的。

物质的折光率除与所用的波长有关外,还与温度有关,通常用 $n_D^{20}$ 表示,意为 20 ℃时该介质对钠光 D 线($\lambda = 589.3$ nm)的折光率。

## 三、试剂与仪器

### 1. 试剂

| 试　　剂 | 规　　格 |
| --- | --- |
| 乙醇 | 分析纯 |
| 未知物 1 | 分析纯 |
| 未知物 2 | 分析纯 |

### 2. 实验仪器

实验仪器如图 4-6 所示。

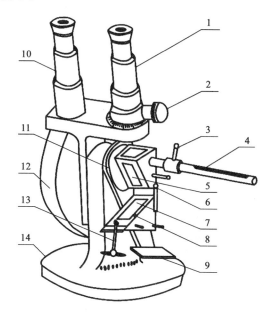

**图 4-6　阿贝折光仪示意图**

1—测量望远镜；2—消色散手柄；3—恒温水入口；4—温度计；5—测量棱镜；6—铰链；7—辅助棱镜
8—加液槽；9—反射镜；10—读数望远镜；11—转轴；12—刻度盘罩；13—闭合旋钮；14—底座

## 四、实验内容

1. 在棱镜处的恒温水接头上接好超级恒温槽的进出水管，调节超级恒温槽中水温至所要求的温度。恒温一段时间待阿贝折光仪上温度计读数至要求温度后，方可测量。

2. 打开棱镜，用酒精润湿棱镜，再用擦镜纸擦干。

3. 校正折光仪读数，可用已知折光率的纯液体（如重蒸馏水 $n_D^{20}=1.3326$）或标准玻璃块（随仪器出厂附件）进行校正。如用后者校正，则打开棱镜，用少许 1-溴代萘（$n=1.66$）置于光滑棱镜上，玻璃块就黏附于镜面上，使玻璃块直接对准反射镜，转动左面刻度盘，使读数镜内标尺读数为标准玻璃块读数，调节反射镜，使入射光进入棱镜组，从测量望远镜中观察，使视场最清晰，转动消色散镜调节器，消除色散。再用一特制小螺丝刀旋转右面镜筒下方的方形螺旋，使明暗线与"十"字交叉处重合，校正工作结束。

4. 将待测液体用滴管加在下棱镜的磨砂面上，合上棱镜（要求液面均匀而无气泡），如被测液体较易挥发，则须用微量注射器从棱镜侧面小孔处加入。

5. 调节反光镜 9，使两目镜内视场明亮。

6. 分别转动手柄，使明暗界线清楚（无色散）地在"十"字交叉中心处，由放大境内刻度盘上读出折光率，重复操作 3 次，取读数平均值作为样品的折光率。

阿贝折光仪最重要的是两直角棱镜，使用时不能将滴管或其他硬物碰到镜面，以免损坏。对腐蚀性液体、强酸、强碱以及氟化物等亦不宜使用阿贝折光仪进行测量。折光仪用毕，应该用酒精或乙醚洗净镜面，用专用擦镜纸擦干净。

## 五、实验结果

| 物质 | 折光率 | 平均值 | 物质 | 折光率 | 平均值 |
|------|--------|--------|------|--------|--------|
| 未知物 1 | | | 未知物 2 | | |
| | | | | | |

## 六、注意事项

1. 阿贝折光仪使用前后,棱镜要用酒精或乙醚擦洗干净并干燥。

2. 不能用手接触镜面,滴加样品时滴管头不要碰到镜面。

## 七、思考题

1. 影响折光率测定数值的因素有哪些?

2. 滴加样品量过少将会产生什么后果?

# 4.4　旋光度的测定

## 一、实验目的

1. 了解旋光仪测定旋光度的基本原理。
2. 了解手性化合物的旋光性及其测定的原理、方法和意义。
3. 掌握用旋光仪测定溶液或液体物质旋光度的方法。

## 二、实验原理

旋光度是指光学活性物质使偏振光的振动平面旋转的角度。旋光度的测定对于研究具有光学活性的分子的构型及确定某些反应机理具有重要的作用。某些有机物因具有手性分子，能使偏光振动平面旋转，使偏光振动向左旋转的为左旋性物质，使偏光振动向右旋转的为右旋性物质。比旋光度是物质特性常数之一。测定旋光度，可以检定旋光性物质的纯度和含量。定量测定溶液或液体旋光程度的仪器称为旋光仪，其工作原理如图 4-7 所示。

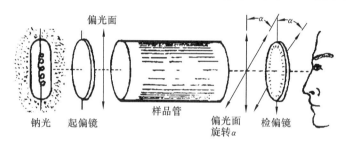

**图 4-7　旋光仪工作原理示意图**

常用的旋光仪主要由光源、起偏镜、样品管和检偏镜几部分组成。光源为炽热的钠光灯。起偏镜是由两块光学透明的方解石黏合而成，也称尼科尔棱镜，其作用是使自然光通过后产生所需要的平面偏振光。尼科尔棱镜的作用就像一个栅栏，普通光是在所用平面振动的电磁波，通过棱晶时只有与棱镜晶轴平行的平面振动光才能通过。这种只在一个平面振动的光叫做平面偏振光，简称偏光。样品管装待测的旋光性液体或溶液，其长度有 1 dm 和 2 dm 等几种。对旋光度较小或溶液浓度较稀的样品，最好采用 2 dm 长的样品管，当偏光通过盛有旋光性物质的样品管后，因物质的旋光性使偏光不能通过第二个棱晶（检偏镜），必须将检偏镜扭转一定角度后才能通过，因此，要调节检偏镜进行配光，由装在检偏镜上的标尺盘上移动的角度，可指示出检偏镜转动的角度，即为该物质在此浓度的旋光度。使偏振光平面向右旋转（顺时针方向）的旋光性物质叫做右旋体，向左旋转（逆时针方向）的叫做左旋体。

物质的旋光度与测定时所用溶液的浓度、样品管的长度、温度、所用光源的波长及溶剂的性质等因素有关，因此，常用比旋光度 $[\ ]_D^t$ 来表示物质的旋光性。

$$溶液的比旋光度 = [\alpha]_D^t = \frac{\alpha}{l \cdot c}$$

式中：$[\ ]_D^t$ 表示旋光性物质在 $t$ ℃、光源波长为 $\lambda$ 时的比旋光度；$\alpha$ 为标尺盘转动角度的读数，即旋光度；$l$ 为旋光管的长度，单位以分米（dm）表示；$c$ 为溶液浓度，以 1 mL 溶液所含溶质的质量表示；D 表示钠光，其波长 $\lambda = 589.3$ nm。

如测定的旋光活性物质为纯液体，其比旋光度可由下式求出：

$$\text{纯液体的比旋光度} = [\alpha]_D^t = \frac{\alpha}{l \cdot d}$$

式中：$d$ 为纯液体的密度（g/cm³）。

表示比旋光度时通常还要标明测定时所用的溶剂。

为了准确判断旋光度的大小，测定时通常在视野中分出三分视场（见图 4-8）。当检偏镜的偏振面与通过棱镜的光的偏振面平行时，通过目镜可观察到如图 4-8(b)所示的情况（当中明亮，两旁较暗）；若检偏镜的偏振面与起偏镜偏振面平行时，可观察到如图 4-8(a)所示的情况（当中较暗，两旁明亮）；只有当检偏镜的偏振面处于 $\frac{1}{2}\phi$（半暗角）的角度时，视场内明暗相同，如图 4-8(c)所示。将这一位置作为零度，使游标尺上的 0° 对准刻度盘上的 0°。测定时，调节视场内明暗相同，以使观察结果准确。

（a）　　　　　　　（b）　　　　　　　（c）

图 4-8　三分视场

一般在测定时选取较小的半暗角，由于人的眼睛对弱照度的变化比较敏感，视野的照度随半暗角 $\phi$ 的减小而变弱，所以在测定中通常选几度到十几度的结果。

## 三、试剂与仪器

### 1. 试剂

| 试　　剂 | 规　　格 |
| --- | --- |
| 葡萄糖 | 浓度为 5% 和 15% |
| 蒸馏水 | 去离子后双蒸 |

### 2. 实验仪器

实验仪器如图 4-9 所示。

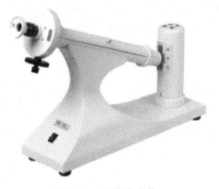

图 4-9　圆盘旋光仪

### 四、实验内容

1. 将圆盘旋光仪接通 220 V 的交流电源,打开电源开关,预热 5 min,使钠光灯发光正常。

2. 零点校正:即观察旋光管在未放进样品时与充满蒸馏水或待测样品的溶剂时,其零度视场是否一致,如不一致说明零点有误差,应在测量读数中减去或加上这一偏差值。在测定样品前,需先校正旋光仪的零点。将样品管洗好,装上蒸馏水,使液面凸出管口,将玻璃盖沿管口边缘轻轻平推盖好,不能带入气泡,然后旋上螺丝帽,保持不漏水,不要过紧。将样品管擦干,放入旋光仪内,罩上盖子,将标尺盘在零点左右旋转粗动、微动手轮,使视场内 Ⅰ 和 Ⅱ 部分的亮度均匀一致,记下读数。重复操作至少 5 次,取其平均值,若零点相差太大,应重新校正。用蒸馏水校正旋光仪的零点。

3. 用同样的方法分别测定 5% 和 15% 葡萄糖溶液的旋光度 3 次,并记录数据。注意:测定溶液的旋光度前,需用该溶液洗涤盛液管 2 次。读出旋光度 $\alpha$,扣除零点,得到试样的旋光度。实验完毕,洗净测定管,再用蒸馏水洗净,擦干存放,注意镜片应用软绒布揩擦,勿用手触摸。

### 五、实验结果

| 物质 | 旋光度 | 平均值 | 物质 | 旋光度 | 平均值 |
|------|--------|--------|------|--------|--------|
| 5%葡萄糖 | | | 15%葡萄糖 | | |

### 六、注意事项

1. 旋光管中不能有气泡。

2. 旋光管管盖只要旋至不漏水即可。过紧了,旋钮会造成损坏,或因玻片受力而致使有一定的假旋光。

3. 实验完毕后,用蒸馏水洗净旋光管,并擦干外壁,以防止金属部件被腐蚀。

### 六、思考题

1. 旋光仪的工作原理是什么?

2. 为什么在样品测定前要检查旋光仪的零点?

# 4.5　紫外-可见光谱的测定

## 一、实验目的

1. 采用 TU-1900 双光束紫外可见分光光度计测定苯及其衍生物的紫外吸收光谱,并计算其跃迁能。

2. 掌握 TU-1900 双光束紫外可见分光光度计的使用方法。

## 二、实验原理

原子或分子中的电子(成键电子、反键电子、孤对电子、游离基电子等)当受到光、热、电等的激发,从一个能级转移到另一个能级,称为跃迁。这种跃迁所需要的能量称为跃迁能;原子或分子中电子的跃迁能级与电磁波中某一光子的能量相一致时就会发生能级跃迁,即

$$\Delta E = E_2 - E_1 = h\nu = h\frac{c}{\lambda_{\max}} \tag{1}$$

式中:$h$ 为普朗克常数;$\nu$ 为频率;$c$ 为光速;$\lambda_{\max}$ 为最大吸收波长。

因此,电子激发所对应的光子的能量,可用相对吸收的光频率或波长来表示。

从分子的成键情况看,与吸收光谱有关的电子主要有三种:

(1) 形成单键的 $\sigma$ 电子;

(2) 形成复键的 $\pi$ 电子;

(3) 非键 n 电子。

根据分子轨道理论,三种电子的能级高低次序一般为

$$(\sigma) < (\pi) < (n) < (\pi^*) < (\sigma^*) \tag{2}$$

分子在大多数有机化合物中,电子总是填充在 n 轨道以下的各个分子轨道中。当受到外来辐射的激发时,处于较低能级的电子就跃迁到较高的能级。由于各个分子轨道之间的能量差不同,各个不同的跃迁所需吸收的能量也不同,如图 4-10 所示。

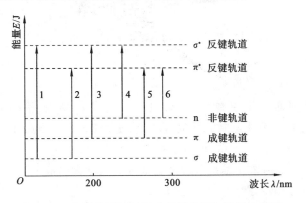

**图 4-10　各种电子跃迁相应的吸收峰和能量示意图**

1—$\sigma$-$\sigma^*$ 跃迁;2—$\sigma$-$\pi^*$ 跃迁;3—$\pi$-$\pi^*$ 跃迁;4—n-$\sigma^*$ 跃迁;5—$\pi$-$\pi^*$ 跃迁;6—n-$\pi^*$ 跃迁

当分子中含有 $\sigma$ 键电子时,$\sigma$-$\sigma^*$ 跃迁需要的能量大,吸收光谱在远紫外区,$\lambda_{\max} < 150$ nm,一般仪器不易测量。饱和碳氢化合物就属于这一类。然而,当饱和碳氢化合物中含有氧、

氮、硫、卤素等杂原子时,由于其中含有孤对电子,因而可发生 n-σ* 跃迁,其吸收峰向长波方向移动。有些已进入近紫外区,一般用紫外可见分光光度计即可测定。当分子中含有双键、共轭双键、三键、杂原子双键等助色基团时,其中不仅有孤对电子,而且还有 π 键电子,吸收峰不但向长波方向移动,而且吸收波强度增强。

各种物质分子的能级千差万别,它们内部各种能级之间的间隔也就各异。因此,物质的内部结构决定了它们对不同波长光的选择吸收。如果我们逐渐改变通过某一吸收物质的入射光的波长,并记录该物质在每一波长的消光度($A$)。以吸光度对波长作图,即可得到该物质的吸收光谱。

## 三、试剂与仪器

### 1. 试剂

| 试　　剂 | 规　　格 |
| --- | --- |
| 无水乙醇 | 分析纯 |
| 苯甲醛 | 分析纯 |
| 甲苯 | 分析纯 |
| 苯胺 | 分析纯 |

### 2. 实验仪器

实验仪器如图 4-11 所示。

**图 4-11　TU-1900 双光束紫外可见分光光度计**

## 四、实验内容

1. 用 100 mL 容量瓶分别配制 0.1 mol/L 的苯、氯苯、苯甲醛和苯胺的乙醇溶液。在 10 mL 的容量瓶中,分别取上述配制的溶液,配制浓度为 $2×10^{-3}$ mol/L 的苯和氯苯的乙醇溶液,浓度为 $2×10^{-4}$ mol/L 的苯甲醛和苯胺的乙醇溶液。

注意:配制试样溶液时,浓度尽量接近规定浓度。浓度太高或太低都会使某些吸收峰测不出来,致使测得的紫外光谱不理想。

2. 接通仪器的电源,预热仪器 30 min。

3. 将待测试样装入 1 cm 的石英比色皿中,盖好比色皿盖,置于光路中(以无水乙醇作比照);按照 TU-1900 双光束紫外可见分光光度计说明在 200～300 nm 波长范围内对各样品进行扫描。

4. 测试完毕后，倒掉试液（指定废液缸中），清洗比色皿，关闭仪器。

5. TU-1900 双光束紫外可见分光光度计的操作系统全部由微机控制，具体的操作步骤需要在教师的指导下完成，有关操作的详细内容参见仪器使用说明书。

## 五、实验结果

1. 绘制甲苯、苯甲醛和苯胺的消光度与波长曲线。

2. 分别找出最大吸收波长及其消光值。

## 六、注意事项

配制试样溶液时，浓度尽量接近规定浓度。浓度太高或太低都会使某些吸收峰测不出来，致使测得的紫外光谱不理想。

## 七、思考题

1. 计算摩尔消光度的作用是什么？

2. 摩尔消光度的大小与哪些因素有关？

# 4.6　傅里叶红外光谱的测定

## 一、实验目的

1. 掌握溴化钾压片法制备固体样品的方法。
2. 学习并掌握傅里叶红外光谱仪的使用方法。
3. 掌握红外吸收光谱的图谱解析。

## 二、实验原理

红外光是一种波长介于可见光区和微波区间的电磁波谱,波长为 $0.75\sim1000\ \mu m$。通常又将此波段分成三区域,即近红外区,波长为 $0.75\sim2.5\ \mu m$(波数为 $13300\sim4000\ cm^{-1}$),又称泛频区;中红外区,波长为 $2.5\sim50\ \mu m$(波数为 $4000\sim200\ cm^{-1}$),又称振动区;远红外区,波长为 $50\sim1000\ \mu m$(波数为 $200\sim10\ cm^{-1}$),又称转动区。其中,中红外区是研究、应用最多的区域。红外区的光谱除用波长 $\lambda$ 表征外,更常用波数 $\sigma$ 表征。波数是波长的倒数,表示单位厘米波长内所含波的数目,其关系式为

$$\sigma\,(cm^{-1})=\frac{10^4}{\lambda\,(cm)}$$

红外光谱反映分子的振动情况。当用一定频率的红外光照射某物质分子时,若该物质的分子中某基团的振动频率与它相同,则此物质就能吸收这种红外光,使分子由振动基态跃迁到激发态。因此,若用不同频率的红外光依次通过测定分子时,就会出现不同强弱的吸收现象。用 $T\%-\lambda$ 作图就得到其红外光吸收光谱。红外光谱具有很高的特征性,每种化合物都具有特定的红外光谱,可用于官能团的鉴定及物质结构的分析。

## 三、试剂与仪器

### 1. 试剂

| 试　剂 | 规　格 | 用　量 | 预计实验时间 |
|---|---|---|---|
| 溴化钾 | 分析纯 | 适量 | |
| 苯甲酸 | 分析纯 | 适量 | 3 h |
| 乙酰苯胺 | 分析纯 | 适量 | |

### 2. 实验仪器

实验仪器如图 4-12 所示。

## 四、实验步骤

1. 测绘苯甲酸的红外吸收光谱——溴化钾压片法。

取 $1\sim2\ mg$ 苯甲酸,加入在红外灯下烘干的 $100\sim200\ mg$ 溴化钾粉末,在玛瑙研钵中充分磨细(颗粒直径约 $2\ \mu m$),使之混合均匀。取出约 $80\ mg$ 混合物均匀地铺洒在干净的压模内,于压片机上制成透明的薄片。将此薄片装于固体样品架上,样品架插入红外光谱仪的样品

**图 4-12**   IR-6700 型傅里叶红外光谱仪

池处,从 4000～400 cm$^{-1}$进行波数扫描,得到吸收光谱。

2. 测绘乙酰苯胺的红外吸收光谱,其方法同上。

## 五、注意事项

1. 实验室环境应该保持干燥,也要确保样品与药品的纯度与干燥度。

2. 在制备样品的时候要迅速,以防止其吸收过多的水分,影响实验结果。

3. 试样放入仪器的时候动作要迅速,避免因仪器中的空气流动而影响实验的准确性。

4. 溴化钾压片的过程中,粉末要在研钵中充分磨细,且于压片机上制得的透明薄片厚度要适当。

## 六、思考题

1. 为什么要选用溴化钾作为来承载样品的介质?

2. 红外光谱法对试样有什么要求?

# 4.7　核磁共振波谱的测定

## 一、实验目的

1. 掌握核磁共振波谱测定的基本原理及基本操作方法。
2. 学习 $^1H$ 核磁共振谱的解析方法。

## 二、实验原理

核磁共振现象来源于原子核的自旋角动量在外加磁场 $B_0$ 作用下的运动。根据量子力学原理,原子核与电子一样,也具有自旋角动量,其自旋角动量的具体数值由原子核的自旋量子数决定。实验结果显示,不同类型的原子核的自旋量子数也不同:质量数和质子数均为偶数的原子核,自旋量子数 $I=0$,如 $^{12}C$、$^{16}O$;质量数为奇数的原子核,自旋量子数为半整数,如 $^1H$,$^{13}C$,$^{17}O$;质量数为偶数,质子数为奇数的原子核,自旋量子数为整数,如 $^2H$、$^{14}N$。原则上,只要是自旋量子数 $I\neq0$ 的原子核可以得到 NMR 信号。但目前有实用价值的仅限于 $^1H$、$^{13}C$、$^{19}F$、$^{31}P$ 及 $^{15}N$ 等核磁共振信号,其中氢谱和碳谱应用最广。

核磁共振波谱图,通常会提供化学位移值、偶合常数和裂分峰形以及各峰面积的积分线的信息,以此可推测有机化合物的结构。化学位移值主要用于推测基团类型及所处化学环境。化学位移值与核外电子云密度有关,凡影响电子云密度的因素都将影响磁核的化学位移,其中包括邻近基团的电负性、非球形对称电子云产生的磁各向异性效应、氢键以及溶剂效应等。这种影响有一定规律可循,测试条件一定时,化学位移值确定并重复出现,前人也已总结出了多种经验公式,用于不同基团化学位移值的预测。偶合常数和裂分峰形主要用于确定基团之间的连接方式。对于 $^1H$-NMR,邻碳上的氢偶合,即相隔三个化学键的偶合最为重要,自旋裂分符合向心规则和 $n+1$ 规则。裂分峰的裂距表示磁核之间相互作用的程度,称作偶合常数 $J$,单位为赫兹(Hz),是一个重要的结构参数,可从谱图中直接测量,但应注意从谱图上测得的裂距是以化学位移值表示的数据,将其乘以标准物质的共振即仪器的频率,才能得到以赫兹为单位的偶合常数。积分曲线的高度代表相应峰的面积,反映了各种共振信号的相对强度,因此与相应基团中磁核数目成正比。通过对 $^1H$-NMR 积分高度的计算,可以推测化合物中各种基团所含的氢原子数和总的氢原子数。

核磁共振谱图的解析就是综合利用上述三种信息推测有机物的结构。用 $^1H$-NMR 波谱图上的化学位移值($\delta$ 或 $\tau$),可以区别烃类在不同化学环境中的氢质子,如芳香环上的氢质子,与不饱和碳原子直接相连的氢质子,与芳香环直接相连的—$CH_2$ 或—$CH_3$ 上的氢质子,与不饱和碳原子相连的—$CH_2$ 或—$CH_3$ 上的氢质子,正构烷烃、支链烃和环烷烃上的氢质子。化学位移的产生是由于电子云的屏蔽作用,因此,凡能影响电子云密度的因素,均会影响化学位移值。如氢质子与电负性元素相邻接时,由于电负性元素对电子的诱导效应,使质子外电子云密度不同程度地减小,导致其化学位移值向低磁场强度方向移动,随着电负性元素的电负性增加,向低磁场强度方向移动的距离就越大。

核磁共振波谱测定时,通常使用氘代溶剂将试样溶解后测试。常用的氘代试剂有氘代氯仿($CDCl_3$)、氘代丙酮($CD_3COCD_3$)、重水(即氘代水,$D_2O$)等。

## 三、试剂与仪器

### 1. 试剂

| 试　　　剂 | 规　　　格 |
| --- | --- |
| 氘代氯仿(含 0.1% TMS) | 分析纯 |
| 混合烃试样(直链和支链脂肪烃、环烷烃和烷基苯) | — |
| 一氯乙烷 | 分析纯 |
| 一溴乙烷 | 分析纯 |
| 一碘乙烷 | 分析纯 |

### 2. 实验仪器

实验仪器如图 4-13 所示。

**图 4-13　400 MHz 共振波谱仪**

## 四、实验步骤

1. 设置仪器测试参数：① 测试核种，$^1$H；② 样品管转速，25 Hz；③ 谱宽，20 ppm；④ 扫描次数，16 次；⑤ 脉冲程序，zg30；⑥ 仪器要求的其他必要参数。

2. 试样配制及样品管的准备：取混合烃样 0.05 mL(约 1 滴液体试样)小心地装入样品管中，加入 0.6 mL 氘代氯仿(含 0.1% TMS)溶液，盖好盖子，振荡使试样完全溶解；将 3 种卤代烃溶液分别放入 3 根 NMR 管内；将外壁擦拭干净的样品管套上磁子，并用量规调整好磁子位置。

3. 启动空压机，启动 NMR 操作软件，键入 ej 和 ij，将样品管放入探头内并调整好旋转速度。

4. 进入采样流程：在对话框内输入样品名称，并选定溶剂为氘代氯仿，建立实验文件，包括通道的设定、锁场(溶剂为氘代氯仿)、探头的调谐与匹配(自动模式)、匀场(自动梯度匀场)、采集参数的设定、脉冲和参数的读取以及增益的自动计算，调整好仪器工作状态。

5. 开始采集 FID 信号,点击进入谱图处理流程,对得到的 FID 信号进行处理,包括窗函数的建立、FT 变换、相位校正(自动)、基线校正和峰积分等,然后进入数据处理流程。

6. 选定预设模板进入谱图编辑器编辑谱图并打印,完成采集并处理上述 5 种溶液的 NMR 谱图。

7. 测定完毕,键入 ej 命令,从探头中取出样品管,并盖好探头盖,关闭空压机。将样品管中的溶剂等倒入废液瓶中,用易挥发溶剂(如丙酮或乙醇等)小心地清洗样品管,然后自然晾干。按要求处理废液,进行必要的仪器整理和复原工作,做好仪器使用记录。

## 五、实验结果

1. 记录仪器型号及实验参数。

2. 根据化学位移值及裂分情况,确定每一组峰所代表的 [1]H 类型。

3. 测定 3 种卤代乙烷的化学位移值和偶合常数,将数据记录在下表。

| 化合物 | 化学位移 | 偶合常数 |
| --- | --- | --- |
| 一氯乙烷 | | |
| 一溴乙烷 | | |
| 一碘乙烷 | | |

## 六、注意事项

1. 使用过程中,应防止液体的外漏,以免造成停机和仪器损害。

2. 要得到高分辨率的谱图,样品溶液中绝对不能有悬浮的灰尘和纤维,一般情况下用棉花和滤纸把样品直接过滤到样品管中。

3. 测试微量样品时,要戴手套处理样品,以防止手指上的微量悬浮物溶在溶液中,否则在 [1]H-NMR 波谱中会出现杂峰。

4. 控制溶剂量,一般样品的溶剂量应该为 0.5 mL,大概在核磁管中的长度为 4 cm,溶剂量太小会影响匀场,进而影响实验的浓度和谱图的效果,溶剂量太大会导致浪费。

## 七、思考题

1. 产生核磁共振的必要条件是什么? 核磁共振波谱能为有机化合物结构分析提供哪些信息?

2. 什么是化学位移? 什么是偶合常数,它们是如何产生的?

3. 取代基的电负性对偶合常数 $J$ 有何影响? 电负性元素对邻近氢质子化学位移的影响与其之间相隔的键数有何关系?

# 4.8　气相色谱-质谱联用的应用

## 一、实验目的

1. 理解气相色谱-质谱联用技术的基本原理。
2. 学习气相色谱-质谱联用仪的基本构造、分析条件的设置和工作流程。
3. 掌握 GC-MS 对有机物进行分离、鉴定的技术和方法。

## 二、实验原理

气相色谱-质谱联用（gas chromatography-mass spectrometry，GC-MS），简称气-质联用，是利用色谱法与质谱法的优势互补，将气相色谱仪作为质谱仪的进样和分离系统，混合试样进入色谱柱分离，得到的各组分按保留时间的大小依次进入质谱仪进行质谱测定，以实现复杂混合物快速分离与鉴定的重要方法。

气相色谱-质谱联用仪如图 4-14 所示。气相色谱仪使用毛细管柱，其关键参数是柱的尺寸（长度、直径、液膜厚度）以及固定相性质（如 5％苯基聚硅氧烷）。当试样流经柱子时，根据固定相对样品中各组分吸附或溶解能力的不同，各组分在固定相和流动相之间的分配系数出现差别，组分在两相中经反复多次分配并随移动相向前移动时，各组分沿管柱运动的速度就不同，即在不同时间（叫做保留时间）流出柱子。然后，设定好质谱仪分析器扫描的质量范围和扫描时间，流出柱子的分子被质谱仪的离子源捕获后，经离子化、加速、偏向，最后测定各离子化碎片的质荷比，计算机将质谱仪重复扫描得到的所有离子流信号（不分质荷比大小）的强度总

**图 4-14　气相色谱-质谱联用仪**

和对扫描信号(即色谱保留时间)作图得到总离子流图(见图 4-15)。总离子流强度的变化正是流入质谱仪的色谱组分变化的反映,即在 GC-MS 中,总离子流图相当于色谱图,每一个谱峰代表了一个组分,谱峰的强度与组分的相对含量有关。

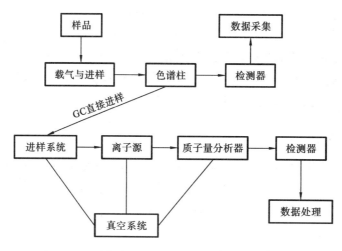

**图 4-15　GC-MS 工作流程图**

气相色谱-质谱联用是一种重要的分析手段,广泛应用于化工、石油、食品、环境分析、药物检测、法医鉴定及环境监测等领域,也可用于为保障机场安全测定行李和人体中的物质。

### 三、试剂与仪器

**1. 试剂**

| 试　　剂 | 规　　格 |
|---|---|
| 丙酮 | 分析纯 |
| 乙酸乙酯 | 分析纯 |
| 正己烷 | 分析纯 |
| 氯化钠 | 优级纯 |
| 无水硫酸钠 | 分析纯 |
| 乙酸乙酯 | 色谱纯 |
| 六六六农药标准溶液 | $100\ \mu g/mL$ |
| 固相萃取小柱 | PS-2 |
| 滴滴涕农药标准溶液 | 浓度为 $100\ \mu g/mL$ |
| 异狄氏剂标准溶液 | $100\ \mu g/mL$ |
| 狄氏剂标准溶液 | $100\ \mu g/mL$ |
| 氘代苯并[$a$]蒽(内标) | $10\ \mu g/mL$(正己烷稀释) |
| 氘代蒽(内标) | $10\ \mu g/mL$(正己烷稀释) |
| 艾氏剂标准溶液 | $100\ \mu g/mL$ |
| 硅胶小柱 | Bond Elut JR SI |

**2. 实验仪器**

岛津公司 GC-MS-QP 5050a 气相色谱-质谱联用仪、GC-MS solution 工作站、微量注射器（1 μL）、自动进样器、固相萃取浓缩装置（加压型或减压型）、旋转蒸发器、1～2 L 分液漏斗、300 mL 三角烧瓶、300 mL 茄形瓶。

## 四、实验步骤（以环境水样中有机氯农药的检测为例）

**1. 采样及样品处理**

（1）用玻璃瓶采样，在采样前要把采样瓶用待采水样荡洗 2～3 次。采样时玻璃瓶顶部不得留有空间和气泡。水样采集后应尽快分析，若不能及时分析，应在 4 ℃冰箱中储存，但不能超过 7 天。

（2）溶剂萃取。将 1000 mL 水样放到 2 L 分液漏斗中，加入 30 g NaCl，溶解后加入 50 mL 正己烷，振荡 10 min，静置 5 min 后，将正己烷转移至三角烧瓶中，再向分液漏斗中加入 50 mL 正己烷，振荡 10 min，静置分层后，转移并合并正己烷相。向正己烷相中加入 3 g 无水硫酸钠，稍稍摇动后放置 20 min，然后过滤转移至浓缩瓶中，经旋转蒸发器浓缩至约 3 mL，转移到试管中，以 $N_2$ 吹脱浓缩至 1 mL，硅胶小柱预先用 10%丙酮-正己烷 10 mL、正己烷 10 mL 活化后，将上述预处理溶液加入到硅胶柱上，用 10 mL 10%的丙酮-正己烷淋洗，淋洗液浓缩约 1 mL，加入 10 μL 内标氘代蒽和氘代苯并[a]蒽（各 10 μg/mL），定容后进行 GC-MS 测定。

（3）固相萃取。① 活化：分别用 5 mL 丙酮、5 mL 甲醇和 5 mL 纯水活化固相萃取小柱。之后，安装在固相取装置上。② 萃取：样品量 1～2 L，水样速度为 10 mL/min，加样结束后，再用 10 mL 纯水淋洗小柱。抽真空 30 min 除去小柱中的水分。③ 洗脱：分别用 6 mL 丙酮、3 mL 正己烷和 3 mL 乙酸乙酯淋洗洗脱，洗脱液经少量无水硫酸钠干燥后过滤，再用 $N_2$ 吹脱浓缩至约 1 mL，加入 10 μL 内标氘代蒽和氘代苯并[a]蒽（各 10 μg/mL），定容后进行 GC-MS 测定。

**2. GC-MS 测定**

（1）开启气质仪：启动 GC-MS solution 软件中 GC-MS real time analysis 程序，按仪器的操作步骤开启仪器的真空系统，等待仪器的真空度达到指定要求后，进行调谐。调谐结果合格后，方可进行分析。

（2）设定分析条件：气相色谱条件，如进样温度、柱温（或程序升温）、载气流量、分流比等；质谱条件，如采集模式、接口温度、溶剂切割时间、质荷比扫描范围等。具体来说，DB-1 色谱柱膜为 30 m×0.32 mm（内径）×0.25 μm，载气压力为 20 kPa，进样口温度为 280 ℃，进样体积为 2 μL，进样方式为无分流方式（进样时间 2 min），柱温先从 70 ℃开始升温 3 min，20 ℃/min，再以 5 ℃/min 升温 14 min，最后以 20 ℃/min 升温 5 min，质谱的接口温度为 280 ℃，质量扫描范围为 35～450 amu，扫描间隔为 0.5 s，选择离子数据采样速度为 0.2 s。

（3）设定数据采集参数，如试样名称和编号等，设计好后，按 GC、MS 均变绿色字体后，可进样。

（4）进样及监视测试过程：用微量注射器吸取混合试剂 1 μL，从气相色谱仪进样口进样，同时按下，开始检测；观察计算机显示屏幕上实时出现的信号，当总离子流图上出现峰时，监测实时的质谱。

（5）数据处理与谱图解析：① 双击 GC-MS postrun analysis 图标，出现与实时分析相似的图面，直接点击 open data file，双击要选择的数据文件名称，右侧出现相应的总离子色谱图；② 扣除背景后显示组分的质谱图；③ 标准质谱图谱库的计算机检索；④打印组分的谱图和标准谱库检索结果；⑤依次选择其他组分峰，重复步骤②～④；将分析结果归纳汇总后填写实验记录。

## 五、实验结果

| 化合物 | 保留时间 | 分子离子峰 |
|--------|----------|------------|
| 组分 1 |          |            |
| 组分 2 |          |            |
| 组分 3 |          |            |

## 六、注意事项

1. 样品采集、保存和处理时必须使用玻璃容器采集和保存样品。另外，有机氯农药容易吸附在瓶壁上，因此在样品预处理时，最好用少量丙酮淋洗玻璃容器表面，并加入要处理的水样中。

2. 为了保证分析数据的准确性，有机溶剂尽量使用残留农药分析纯。

3. 务必记住开机前先开气（载气 He），最后关气。

4. 测试样品前处理过程（提取、净化、溶剂等）必须符合气质要求。

5. 测定完毕，要确保柱内无残留样品（一般采用高温清烧）。

## 七、思考题

1. 简单介绍质谱仪的组成和各部件的作用。

2. 质谱总离子流图是如何得到的？它有什么用处？

3. 在进行 GC-MS 分析时需要设置合适的分析条件，如果条件设置不合适可能产生什么结果？比如色谱柱温度不合适怎么样？扫描范围过大或过小又如何？

4. 为了得到好的质谱图，通常需要扣除本底，本底是怎么形成的？如何正确地扣除本底？

5. 在定性分析有机氯化合物时，如果不使用 GC-MS，是否可以利用其他仪器对样品进行定性分析？如何进行？

6. 用 GC-MS 进行定量分析，误差来源于哪里？用内标法能克服哪些因素造成的误差？

# 附　　录

## 附录 A　常用有机溶剂的纯化

**1. 甲醇**(CH₃OH)

纯甲醇 b. p. 64.95 ℃，$n_D^{20}$ 1.3288，$d_4^{20}$ 0.7914。甲醇为一级易燃液体，应存储于阴凉通风处，注意防火。甲醇可经皮肤进入人体，饮用或吸入蒸气会刺激视神经和视网膜，导致眼睛失明。人的半致死量 $LD_{50}$ 为 13.5 g/kg，经口服甲醇的致死量 $LD_{50}$ 为 1 g/kg。

工业甲醇含水量为 0.5％～1％，含醛酮(以丙酮计)约 0.1％。由于甲醇和水不形成共沸混合物，因此可用高效精馏柱将少量水除去。精制甲醇中含水 0.1％和含丙酮 0.02％。若需含水量低于 0.1％，可用 3A 分子筛干燥，也可用镁处理。若要除去其含有的羰基化合物，可在 500 mL 甲醇中加入 25 mL 糠醛和 60 mL 10％ NaOH 溶液，回流 6～12 h，即可分馏出无丙酮的甲醇。

**2. 乙醇**(CH₃CH₂OH)

纯乙醇 b. p. 78.5 ℃，$n_D^{20}$ 1.3611，$d_4^{20}$ 0.7893。乙醇为一级易燃液体，应存放在阴凉通风处，远离火源。乙醇可通过口腔、胃壁黏膜吸入，对人体产生刺激作用，易产生酩酊、睡眠和麻醉等作用，严重时会造成恶心、呕吐甚至昏迷，人的半致死量 $LD_{50}$ 为 13.7 g/kg。

工业乙醇中乙醇含量为 95.5％，乙醇与水形成共沸物，一般不用分馏法去水。实验室常用生石灰作为脱水剂，乙醇中的水与生石灰作用生成氢氧化钙以除水分，蒸馏后可得乙醇含量高达 99.5％的无水乙醇。如需绝对乙醇(乙醇含量超过 99.95％)，可用金属钠或镁进一步处理。

(1) 无水乙醇的制备。

在 500 mL 圆底烧瓶中，加入 200 mL 95％乙醇和生石灰 50 g，放置过夜。次日在水浴上回流 3 h，再将乙醇蒸出，获得含量约为 99.5％的无水乙醇。此外，工业上通常利用苯、水和乙醇形成低共沸混合物的性质，将苯加入乙醇中，进行分馏，苯、水、乙醇的三元恒沸混合物在 64.9 ℃时被蒸出，多余的苯与乙醇形成二元恒沸混合物在 68.3 ℃被蒸出，最后再蒸出无水乙醇。

(2) 绝对乙醇的纯化。

① 用金属镁纯化。

在 250 mL 的圆底烧瓶中，放置 0.6 g 干燥洁净的镁条和几小粒碘，加入 10 mL 99.5％的乙醇，装上回流冷凝管，冷凝管上端附加一只氯化钙干燥管，水浴加热，注意观察碘周围镁的反应，碘的棕色减退，镁周围变浑浊，并伴随氢气放出，至碘粒完全消失(如不起反应，可再补加数粒小粒碘)。继续加热，待镁条完全溶解后加入 100 mL 99.5％的乙醇和几粒沸石，继续加热回流 1 h，改蒸馏装置蒸出乙醇，收集的乙醇纯度可超过 99.95％。

② 用金属钠纯化。

在 500 mL 99.5% 乙醇中,加入 3.5 g 金属钠,安装回流冷凝管和干燥管,加热回流 30 min,再加入 14 g 邻苯二甲酸二乙酯或 13 g 草酸二乙酯,回流 2～3 h,然后进行蒸馏。金属钠虽能与乙醇中的水作用,产生氢气和氢氧化钠,但所生成的氢氧化钠又与乙醇发生平衡反应。因此,单独使用金属钠不能完全除去乙醇中的水,须加入过量的高沸酯,如邻苯二甲酸二乙酯,与生成的氢氧化钠作用,以抑制平衡反应,从而达到脱水的目的。值得注意的是,乙醇有很强的吸湿性,故仪器必须烘干并尽快操作,以防其吸收空气中的水分。

**3. 乙醚**($CH_3CH_2OCH_2CH_3$)

纯乙醚 b. p. 34.51 ℃,$n_D^{20}$ 1.3526,$d_4^{20}$ 0.71378。乙醚为一级易燃液体,由于沸点低、闪点低、挥发性大,贮存时注意通风,避免日光直射,远离热源,并加入少量氢氧化钾以避免过氧化。乙醚有麻醉作用,当吸入含乙醚 3.5%(体积) 的空气时,30～40 min 可失去知觉。大鼠口服半致死量 $LD_{50}$ 为 3.56 g/kg。

普通乙醚中可能含有一定量的水、乙醇及少量过氧化物等杂质。纯化乙醚,首先要检验有无过氧化物。取少量乙醚与等体积的 2% KI 溶液,加入几滴稀盐酸振摇,若使淀粉溶液呈紫色或蓝色,即表明有过氧化物杂质。在分液漏斗中,加入普通乙醚和相当于乙醚体积 1/5 的新配制的硫酸亚铁溶液,剧烈摇动后分去水溶液,以此除去过氧化物,再用浓硫酸和金属钠作干燥剂,所得无水乙醚可用于格氏(Grignard)反应。

在 250 mL 干燥的圆底烧瓶中,加入 100 mL 已除去过氧化物的普通乙醚和几粒沸石,装上回流冷凝管(上端管口装上带有侧槽的软木塞),在软木塞的侧槽中插入盛有 10 mL 浓硫酸的滴液漏斗,通入冷凝水,将浓硫酸缓慢滴入乙醚中,由脱水作用产生的热量使乙醚自沸,轻摇反应瓶,待乙醚停止沸腾后,补加沸石,并改为蒸馏装置以回收乙醚,用干燥的锥形瓶作接收器。收集乙醚的接引管支管上须连接氯化钙干燥管,并将干燥管的另一端连接橡皮管,使逸出的乙醚蒸气导入水槽中。采用热水浴进行蒸馏,蒸馏速度不宜过快,收集 34.5 ℃时的馏分——70～80 mL 乙醚,待蒸馏速度显著降低时,可停止蒸馏。烧瓶内所剩残液全部倒入指定的回收瓶中,切记不可加水。将收集的乙醚倒入干燥的锥形瓶中,并加入 1 g 极薄的钠片,再用带有氯化钙干燥管的软木塞塞住,防止潮气侵入并使产生的气体逸出,放置 24 h,使乙醚中残留的少量水和乙醇转化成氢氧化钠和乙醇钠,待锥形瓶中无气泡逸出、钠表面无变化时,可储存后作为无水乙醚备用。

**4. 丙酮**($CH_3COCH_3$)

纯丙酮 b. p. 56.2 ℃,$n_D^{20}$ 1.3588,$d_4^{20}$ 0.7899。丙酮为常用溶剂,一级易燃液体,沸点低、挥发性大,应置于阴凉处密封贮存,远离火源。丙酮毒性较低,但长时期处于丙酮蒸气中也能引起不适症状,蒸气浓度较高时,会出现头痛、昏迷等中毒症状。

普通丙酮含有少量水、甲醇、乙醛等还原性杂质,需要进一步纯化。在 100 mL 丙酮中加入 2.5 g 高锰酸钾回流,以除去还原性杂质,若高锰酸钾紫色快速消失,须再补加少量高锰酸钾继续回流,直至紫色不消失为止,蒸出丙酮。用无水碳酸钾或无水硫酸钙干燥,过滤,蒸馏,收集 55～56.5 ℃ 的馏分。

**5. 乙酸乙酯**($CH_3COOCH_2CH_3$)

纯乙酸乙酯 b. p. 77.1 ℃,$n_D^{20}$ 1.3723,$d_4^{20}$ 0.9903。乙酯乙酯为一级易燃品,与空气混合

物的爆炸极限为 2.2％～11.4％（体积）。乙酸乙酯有果香味，对眼睛、皮肤和黏膜有刺激性。

一般的乙酸乙酯试剂，含量为 98％，可能含有少量水、乙醇和乙酸，需纯化后方可使用。纯化方法主要有以下两种：

① 取 100 mL 98％ 乙酸乙酯，加入 9 mL 乙酸酐回流 4 h，除去乙醇及水等杂质后蒸馏，蒸馏液中加 2～3 g 无水碳酸钾，干燥，而后再进行蒸馏，得到纯度为 99.7％ 左右的乙酸乙酯；

② 先用与乙酸乙酯等体积的 5％碳酸钠溶液洗涤，再用饱和氯化钙溶液洗涤，然后加无水碳酸钾干燥、蒸馏。

**6. 苯**（$C_6H_6$）

纯苯 b.p. 80.1 ℃，$n_D^{20}$1.5011，$d_4^{20}$ 0.87865。苯为一级易燃品，其蒸气对人体有强烈的毒性，以损害造血器官与神经系统最为显著，病状为白细胞降低、头晕、记忆力减退等。

普通苯含有少量水（约 0.02％）及噻吩（约 0.15％）。一方面，可选用无水氯化钙干燥过夜，过滤，加入钠片干燥，以除去少量的水。另一方面，根据噻吩比苯更容易磺化的性质，以除去噻吩。在分液漏斗中，加入相当于苯体积 10％ 的浓硫酸，室温下振摇，静置混合物，弃去底层酸液，再加入新的浓硫酸，重复上述操作，直至酸层呈无色或淡黄色，且检验无噻吩为止（噻吩的检验方法：取 5 滴苯于试管中，加入 5 滴浓硫酸和 1～2 滴 1％ 靛红（浓硫酸溶液），振摇片刻，如呈墨绿色或蓝色，表示有噻吩存在。）。依次用水、10％碳酸钠溶液、水洗涤苯层，再用无水氯化钙干燥，蒸馏，收集 80 ℃ 的馏分备用。若要高度干燥的苯，可加入钠片干燥。

**7. 三氯甲烷**（$CHCl_3$）

三氯甲烷 b.p. 61.7 ℃，$n_D^{20}$ 1.4459，$d_4^{20}$ 1.4832。三氯甲烷又称氯仿，不易燃烧，与高温、明火或红热物体接触或置于空气和光照下，会分解产生光气、氯和氯化氢等有毒物质，应置阴凉处密封贮存。氯仿具有麻醉性，长期接触易损坏肝脏。此外，液体氯仿直接接触皮肤，会产生脱脂作用而损伤皮肤。

普通氯仿中通常加入 0.5％～1％的乙醇作稳定剂，将产生的光气转变成碳酸乙酯，从而消除毒性。其纯化方法有两种：

① 依次用相当于氯仿体积 5％ 的浓硫酸、水、稀氢氧化钠溶液、水洗涤，再用无水氯化钙干燥，最后蒸馏获得纯度较高的氯仿；

② 将氯仿与其 1/2 体积的水在分液漏斗中振摇数次，以洗去乙醇，而后分去水层，再用无水氯化钙干燥。

除去乙醇的氯仿应装于棕色瓶内，贮存于阴暗处，避免光照。注意：氯仿不能用金属钠干燥，否则易引起爆炸。

**8. 石油醚**

石油醚是低级烷烃的混合物，为一级易燃液体，大量吸入石油醚蒸气会有麻醉症状。按沸程的不同，可分为 30～60 ℃，60～90 ℃，90～120 ℃ 三类，其主要成分为戊烷、己烷、庚烷，还可能含有少量不饱和烃、芳烃等杂质。其纯化方法为：在分液漏斗中加入石油醚和其体积1/10 的浓硫酸，缓缓振摇，以除去大部分不饱和烃。再用 10％ 硫酸配成的高锰酸钾饱和溶液洗涤，直至水层中紫色消失，再经水洗，用无水氯化钙干燥后蒸馏。

**9. N,N-二甲基甲酰胺**（$HCON(CH_3)_2$）

N,N-二甲基甲酰胺（DMF） b.p. 153.0 ℃，$n_D^{20}$ 1.4305，$d_4^{20}$ 0.9487。DMF 具有吸湿性，低

毒,对皮肤和黏膜有轻度刺激作用,适宜放入分子筛后密封避光贮存。

DMF 中主要杂质是胺、氨、甲醛和水。其中,与水形成 $HCON(CH_3)_2 \cdot 2H_2O$,常压蒸馏时部分分解成二甲胺和一氧化碳,有酸或碱存在时分解加快。可选用硫酸镁、硫酸钙、氧化钡、硅胶或 4A 分子筛干燥,然后减压蒸馏收集 76 ℃ / 4.79 kPa(36 mmHg)的馏分。若含水量大,可加入 10%(体积)的苯,常压蒸去水和苯后,用无水硫酸镁或氧化钡干燥,最后进行减压蒸馏。

**10. 吡啶**($C_5H_5N$)

吡啶 b.p. 115.5 ℃,$n_D^{20}$ 1.5095,$d_4^{20}$ 0.9819。吡啶又称氮苯,无色或微黄色液体,恶臭,溶于水和醇、醚等多数有机溶剂,与水以任何比例互溶。吡啶对皮肤有刺激,可引起湿疹类损害;吸入后会造成头昏、恶心,损害肝脾。

吡啶有吸湿性,能与水、醇、醚任意混溶。吡啶与水形成共沸混合物,沸点为 92～93 ℃。工业吡啶可能含水、胺、甲基吡啶或二甲基吡啶等杂质。工业上,通常加入苯进行共沸蒸馏以精制吡啶。实验室里,可加入粒状氢氧化钾或氢氧化钠干燥数天,再倾出上层清液,加入金属钠回流 3～4 h,最后隔绝潮气蒸馏,可获得无水吡啶。

注意:干燥的吡啶吸水性很强,储存时将瓶口用石蜡封好。

**11. 二甲亚砜**($CH_3SOCH_3$)

二甲亚砜(DMSO)m.p. 18.5 ℃,b.p. 189 ℃,$n_D^{20}$ 1.4770,$d_4^{20}$ 1.1100。二甲亚砜易吸湿,与某些物质(如氢化钠、高碘酸或高氯酸镁等)混合可能发生爆炸,应放入分子筛贮存备用。

二甲亚砜是高极性的非质子溶剂,含水量约 1%,还可能含有微量的二甲硫醚和二甲砜,常压加热至沸腾也可部分分解。通常先进行减压蒸馏,再用 4A 分子筛干燥,获到无水二甲亚砜;此外,也可加入适量的氧化钙、氧化钡、氢化钙或无水硫酸钡,搅拌干燥 4～8 h,再减压蒸馏,收集 64 ～65 ℃/533 Pa(4 mmHg)的馏分,注意蒸馏时温度不高于 90 ℃,避免发生歧化反应而产生二甲砜和二甲硫醚。

**12. 二硫化碳**($CS_2$)

二硫化碳 b.p. 46.25 ℃,$n_D^{20}$ 1.63189,$d_4^{20}$ 1.2661。二硫化碳具有高度的挥发性、易燃性和较高的毒性,能使血液和神经中毒,故取用时必须十分小心,避免接触其蒸气。

二硫化碳可能含有硫化氢、硫黄和硫氧化碳等杂质。通常有机合成实验中,对二硫化碳纯度要求不高,可在普通二硫化碳中加入少量研碎的无水氯化钙,干燥后滤去干燥剂,而后在水浴中蒸馏收集。若要得到较纯的二硫化碳,则要求选用试剂级的二硫化碳,用 0.5% 高锰酸钾水溶液洗涤 3 次,以除去硫化氢,再用汞振荡除硫,而后经 2.5% 硫酸汞溶液洗涤,除去剩余的硫化氢,再经氯化钙干燥后蒸馏,收集纯度较高的二硫化碳。

**13. 四氢呋喃**($C_4H_8O$)

四氢呋喃 b.p. 67 ℃,$n_D^{20}$ 1.4050,$d_4^{20}$ 0.8892,是具有乙醚气味的无色透明液体。

市售的四氢呋喃常含有少量水分和过氧化物。通常,可将四氢呋喃与氢化铝锂在隔绝潮气和氮气的环境下,回流(1000 mL 需 2～4 g 氢化铝锂),以除去水和过氧化物,最后常压下蒸馏,收集 67 ℃ 的馏分,得到无水四氢呋喃。精制的无水四氢呋喃应加入钠丝,保存在氮气环境中。若放置较久,应加 0.025% 4-甲基-2,6-二叔丁基苯酚作抗氧剂。

注意:处理四氢呋喃时,应先用少量进行实验,以确定只有少量水和过氧化物,作用不过于猛烈时,方可进行纯化实验。

一般情况下,可用酸化的碘化钾溶液来检验四氢呋喃中的过氧化物,如有过氧化物存在,则立即出现游离碘的颜色,此时可加入 0.3% 的氯化亚铜,加热回流 30 min,蒸馏,以除去过氧化物。

**14.　1,2-二氯乙烷**($ClCH_2CH_2Cl$)

1,2-二氯乙烷 b. p. 83.4 ℃,$n_D^{20}$ 1.4448,$d_4^{20}$ 1.2531。1,2-二氯乙烷为无色油状液体,具有芳香味,易燃,高毒性,可经呼吸道、皮肤和消化道吸收,吸入可引起脑水肿和肺水肿,其在体内的代谢产物为 2-氯乙醇和氯乙酸,二者的毒性更大。

1,2-二氯乙烷与水形成恒沸物,沸点为 72 ℃,其中含 81.5% 的 1,2-二氯乙烷,可与乙醇、乙醚、氯仿等相混溶,在结晶和提取时是极有用的溶剂,比常用的含氯有机溶剂更活泼。一般情况下,可依次用浓硫酸、水、稀碱溶液和水洗涤,再用无水氯化钙干燥或加入五氧化二磷分馏,即可获得纯度高的 1,2-二氯乙烷。

**15.　甲苯**($C_6H_5CH_3$)

甲苯 b. p. 110.6 ℃,$n_D^{20}$ 1.44969,$d_4^{20}$ 0.8669。甲苯为易燃品,毒性比苯小,大鼠(口服)$LD_{50}$ 为 50 g/kg,在空气中的爆炸极性为 1.27%～7%(体积)。

甲苯不溶于水,可混溶于苯、醇、醚等多数有机溶剂。甲苯与水形成共沸物,沸点为 84.1 ℃,共沸物约含 81.4% 的甲苯。甲苯中含甲基噻吩,处理方法与苯相同。

注意:由于甲苯比苯更易磺化,故用浓硫酸洗涤时温度应控制在 30 ℃ 以下。

**16.　二氯甲烷**($CH_2Cl_2$)

二氯甲烷 b. p. 39.7 ℃,$n_D^{20}$ 1.4241,$d_4^{20}$ 1.3167。二氯甲烷为无色挥发性液体,有麻醉作用,并损害神经系统,与金属钠接触易发生爆炸。

二氯甲烷微溶于水,能与醇、醚混溶。二氯甲烷与水形成共沸物,含二氯甲烷 98.5%,沸点为 38.1 ℃。普通的二氯甲烷中常常含有氯甲烷、二氯甲烷、三氯甲烷和四氯甲烷等杂质。纯化时,可依次用浓度为 5% 的氢氧化钠溶液或碳酸钠溶液各洗涤 1 次,再用水洗涤 2 次,最后用无水氯化钙干燥 24 h,蒸馏后避光保存在有 3A 分子筛的棕色瓶中。

**17.　四氯化碳**($CCl_4$)

四氯化碳 b. p. 76.8 ℃,$n_D^{20}$ 1.4603,$d_4^{20}$ 1.595。四氯化碳为无色、易挥发、不易燃的液体,具氯仿的微甜气味;遇火或炽热物可分解为二氧化碳、氯化氢、光气和氯气等;麻醉性比氯仿小,但对心、肝、肾的毒性强。四氯化碳慢性中毒会造成眼睛损害,出现黄疸、肝脏肿大等症状,饮入 2～4 mL 能致死。

四氯化碳微溶于水,可与乙醇、乙醚、氯仿及石油醚等混溶。通常四氯化碳含 4% 二硫化碳和微量乙醇。纯化时,1000 mL 四氯化碳可与 60 g 氢氧化钾溶于 60 mL 水和 100 mL 乙醇的溶液混在一起,在 50～60 ℃ 时振摇 30 min,水洗后重复以上操作一次(氢氧化钾的用量减半),最后用氯化钙干燥、过滤,蒸馏收集 76.7 ℃ 时的馏分。

注意:切忌用金属钠干燥,避免爆炸危险。

**18.　正己烷**($C_6H_{14}$)

正己烷 b. p. 68.7 ℃,$n_D^{20}$ 1.3748,$d_4^{20}$ 0.6593。正己烷为无色、易挥发的液体,与醇、醚和三氯甲烷混溶,不溶于水,具有低毒、高挥发性、高脂溶性及蓄积作用,其对皮肤黏膜有刺激作用,长期接触可致多发性周围神经病变。吸入正己烷,有恶心、头痛、眼及咽刺激感,出现眩晕、轻度麻醉,大鼠(口服)$LD_{50}$ 为 24~29 mL/kg。在空气中,其爆炸极限为 1.1%~8%(体积)。

普通正己烷试剂中往往含有一定量的苯和其他烃类,其纯化方法为:先加入少量的发烟硫酸振摇,分离酸,再加入发烟硫酸振摇,如此反复,直至酸的颜色呈淡黄色。再分别用浓硫酸、水、2%氢氧化钠溶液、水进行洗涤,而后用氢氧化钾干燥,最后蒸馏得到纯度高的正己烷。

**19. 1,4-二氧六环**($O(CH_2CH_2)_2O$)

1,4-二氧六环 m.p. 12 ℃,b.p. 101.5 ℃,$n_D^{20}$ 1.4424,$d_4^{20}$ 1.0336。二氧六环,有毒,能与水任意混合。1,4-二氧六环对皮肤有刺激性,大鼠(腹注)$LD_{50}$ 为 7.99 g/kg,小鼠(口服)$LD_{50}$ 为 57 g/kg。与空气混合可爆炸,爆炸极限为 2%~22.5%(体积)。

1,4-二氧六环中常含有少量二乙醇缩醛与水,久贮可能含有过氧化物。其纯化方法为:在500 mL 二氧六环中加入 8 mL 浓盐酸和 50 mL 水的溶液,回流 6~10 h,在回流过程中,慢慢通入氮气,以除去生成的乙醛。冷却后,加入固体氢氧化钾,直到不再溶解为止,分去水层后用固体氢氧化钾干燥 24 h,过滤后在金属钠存在下,加热回流 8~12 h,再在金属钠存在下蒸馏,最后加钠丝密封保存。

# 附录 B　常用酸碱溶液的密度和浓度

| 溶液名称 | 密度 $\rho$/(g/cm$^3$) | 质量分数/(%) | 物质的量浓度/(mol/L) |
|---|---|---|---|
| 浓硫酸 | 1.84 | 95~96 | 18 |
| 稀硫酸 | 1.18 | 25 | 3 |
| 稀硫酸 | 1.06 | 9 | 1 |
| 浓盐酸 | 1.19 | 38 | 12 |
| 稀盐酸 | 1.10 | 20 | 6 |
| 稀盐酸 | 1.03 | 7 | 2 |
| 浓硝酸 | 1.40 | 65 | 14 |
| 稀硝酸 | 1.20 | 32 | 6 |
| 稀硝酸 | 1.07 | 12 | 2 |
| 稀高氯酸 | 1.12 | 19 | 2 |
| 浓氢氟酸 | 1.13 | 40 | 23 |
| 氢溴酸 | 1.38 | 40 | 7 |
| 氢碘酸 | 1.70 | 57 | 7.5 |
| 冰醋酸 | 1.05 | 99~100 | 17.5 |
| 稀醋酸 | 1.04 | 35 | 6 |
| 稀醋酸 | 1.02 | 12 | 2 |
| 浓氢氧化钠 | 1.36 | 33 | 11 |
| 稀氢氧化钠 | 1.09 | 8 | 2 |
| 浓氨水 | 0.88 | 35 | 18 |
| 浓氨水 | 0.91 | 25 | 13.5 |
| 稀氨水 | 0.96 | 11 | 6 |
| 稀氨水 | 0.99 | 3.5 | 2 |

# 附录 C　酸和碱的解离常数

| 序号 | 名称 | 化学式 | 解离常数($K_a$) | $pK_a$ |
|------|------|--------|----------------|--------|
| 1 | 醋酸 | HAc | $1.76 \times 10^{-5}$ | 4.75 |
| 2 | 碳酸 | $H_2CO_3$ | $K_1 = 4.30 \times 10^{-7}$ | 6.37 |
|   |      |          | $K_2 = 5.61 \times 10^{-11}$ | 10.25 |
| 3 | 草酸 | $H_2C_2O_4$ | $K_1 = 5.90 \times 10^{-2}$ | 1.23 |
|   |      |          | $K_2 = 6.40 \times 10^{-5}$ | 4.19 |
| 4 | 亚硝酸 | $HNO_2$ | $4.6 \times 10^{-4}(285.5\ K)$ | 3.37 |
| 5 | 磷酸 | $H_3PO_4$ | $K_1 = 7.52 \times 10^{-3}$ | 2.12 |
|   |      |          | $K_2 = 6.23 \times 10^{-8}$ | 7.21 |
|   |      |          | $K_3 = 2.2 \times 10^{-13}(291\ K)$ | 12.67 |
| 6 | 亚硫酸 | $H_2SO_3$ | $K_1 = 1.54 \times 10^{-2}(291\ K)$ | 1.81 |
|   |      |          | $K_2 = 1.02 \times 10^{-7}$ | 6.91 |
| 7 | 硫酸 | $H_2SO_4$ | $K_1 = 1.0 \times 10^{3}$ | $-3.0$ |
|   |      |          | $K_2 = 1.20 \times 10^{-2}$ | 1.92 |
| 8 | 硫化氢 | $H_2S$ | $K_1 = 9.1 \times 10^{-8}(291\ K)$ | 7.04 |
|   |      |          | $K_2 = 1.1 \times 10^{-12}$ | 11.96 |
| 9 | 氢氰酸 | HCN | $4.93 \times 10^{-10}$ | 9.31 |
| 10 | 铬酸 | $H_2CrO_4$ | $K_1 = 1.8 \times 10^{-1}$ | 0.74 |
|   |      |          | $K_2 = 3.20 \times 10^{-7}$ | 6.49 |
| 11 | 硼酸* | $H_3BO_3$ | $5.8 \times 10^{-10}$ | 9.24 |
| 12 | 氢氟酸 | HF | $3.53 \times 10^{-4}$ | 3.45 |
| 13 | 过氧化氢 | $H_2O_2$ | $2.4 \times 10^{-12}$ | 11.62 |
| 14 | 次氯酸 | HClO | $2.95 \times 10^{-5}(291\ K)$ | 4.53 |
| 15 | 次溴酸 | HBrO | $2.06 \times 10^{-9}$ | 8.69 |
| 16 | 次碘酸 | HIO | $2.3 \times 10^{-11}$ | 10.64 |
| 17 | 碘酸 | $HIO_3$ | $1.69 \times 10^{-1}$ | 0.77 |
| 18 | 砷酸 | $H_3AsO_4$ | $K_1 = 5.62 \times 10^{-3}(291\ K)$ | 2.25 |
|   |      |          | $K_2 = 1.70 \times 10^{-7}$ | 6.77 |
|   |      |          | $K_3 = 3.95 \times 10^{-12}$ | 11.40 |
| 19 | 亚砷酸 | $HAsO_2$ | $6 \times 10^{-10}$ | 9.22 |
| 20 | 铵离子 | $NH_4^+$ | $5.56 \times 10^{-10}$ | 9.25 |
| 21 | 氨水 | $NH_3 \cdot H_2O$ | $1.79 \times 10^{-5}$ | 4.75 |
| 22 | 联胺 | $N_2H_4$ | $8.91 \times 10^{-7}$ | 6.05 |
| 23 | 羟氨 | $NH_2OH$ | $9.12 \times 10^{-9}$ | 8.04 |
| 24 | 氢氧化铅 | $Pb(OH)_2$ | $9.6 \times 10^{-4}$ | 3.02 |

续表

| 序号 | 名称 | 化学式 | 解离常数($K_a$) | p$K_a$ |
|------|------|--------|----------------|--------|
| 25 | 氢氧化锂 | LiOH | $6.31 \times 10^{-1}$ | 0.2 |
| 26 | 氢氧化铍 | Be(OH)$_2$ | $1.78 \times 10^{-6}$ | 5.75 |
| | | BeOH$^+$ | $2.51 \times 10^{-9}$ | 8.6 |
| 27 | 氢氧化铝 | Al(OH)$_3$ | $5.01 \times 10^{-9}$ | 8.3 |
| | | Al(OH)$_2{}^+$ | $1.99 \times 10^{-10}$ | 9.7 |
| 28 | 氢氧化锌 | Zn(OH)$_2$ | $7.94 \times 10^{-7}$ | 6.1 |
| 29 | 氢氧化镉 | Cd(OH)$_2$ | $5.01 \times 10^{-11}$ | 10.3 |
| 30 | 乙二胺* | H$_2$NC$_2$H$_4$NH$_2$ | $K_1 = 8.5 \times 10^{-5}$ | 4.07 |
| | | | $K_2 = 7.1 \times 10^{-8}$ | 7.15 |
| 31 | 六亚甲基四胺* | (CH$_2$)$_6$N$_4$ | $1.35 \times 10^{-9}$ | 8.87 |
| 32 | 尿素* | CO(NH$_2$)$_2$ | $1.3 \times 10^{-14}$ | 13.89 |
| 33 | 质子化六亚甲基四胺* | (CH$_2$)$_6$N$_4$H$^+$ | $7.1 \times 10^{-6}$ | 5.15 |
| 34 | 甲酸 | HCOOH | $1.77 \times 10^{-4}$ (293 K) | 3.75 |
| 35 | 氯乙酸 | ClCH$_2$COOH | $1.40 \times 10^{-3}$ | 2.85 |
| 36 | 氨基乙酸 | NH$_2$CH$_2$COOH | $1.67 \times 10^{-10}$ | 9.78 |
| 37 | 邻苯二甲酸* | C$_6$H$_4$(COOH)$_2$ | $K_1 = 1.12 \times 10^{-3}$ | 2.95 |
| | | | $K_2 = 3.91 \times 10^{-6}$ | 5.41 |
| 38 | 柠檬酸 | (HOOCCH$_2$)$_2$ C(OH)COOH | $K_1 = 7.1 \times 10^{-4}$ | 3.14 |
| | | | $K_2 = 1.68 \times 10^{-5}$ (293 K) | 4.77 |
| | | | $K_3 = 4.1 \times 10^{-7}$ | 6.39 |
| 39 | D-酒石酸 | (CH(OH)COOH)$_2$ | $K_1 = 1.04 \times 10^{-3}$ | 2.98 |
| | | | $K_2 = 4.55 \times 10^{-5}$ | 4.34 |
| 40 | 8-羟基喹啉* | C$_9$H$_6$NOH | $K_1 = 8 \times 10^{-6}$ | 5.1 |
| | | | $K_2 = 1 \times 10^{-9}$ | 9.0 |
| 41 | 苯酚 | C$_6$H$_5$OH | $1.28 \times 10^{-10}$ (293 K) | 9.89 |
| 42 | 对氨基苯磺酸* | H$_2$NC$_6$H$_4$SO$_3$H | $K_1 = 2.6 \times 10^{-1}$ | 0.58 |
| | | | $K_2 = 7.6 \times 10^{-4}$ | 3.12 |
| 43 | 乙二胺四乙酸（EDTA）* | (CH$_2$COOH)$_2$NH$^+$ CH$_2$CH$_2$NH$^+$ (CH$_2$COOH)$_2$ | $K_1 = 0.13$ | 0.9 |
| | | | $K_2 = 3 \times 10^{-2}$ | 1.6 |
| | | | $K_3 = 1 \times 10^{-2}$ | 2.0 |
| | | | $K_4 = 2.1 \times 10^{-3}$ | 2.67 |
| | | | $K_5 = 6.9 \times 10^{-7}$ | 6.16 |
| | | | $K_6 = 5.5 \times 10^{-11}$ | 10.26 |

（近似浓度 0.003～0.01 mol/L，温度 298.15 K）

本表的大部分数据主要摘自：R. C. Weast. The CRC Handbook of Chemistry and Physics，70th ed. Florida：CRC Press，1989—1990. 标 * 号的数据摘自其他参考书。

# 附录 D　常见有机化合物的物理常数

| 化学名称 | 分子量 | 密度 $d_4^{20}$/(kg/m³) | 熔点/℃ | 沸点/℃ | 折射率 $n_D^{20}$ | 闪点/℃ | 性状 | 溶解性 |
|---|---|---|---|---|---|---|---|---|
| 乙醇 ethanol | 46.07 | 0.7893 | -117.3 | 78.4 | 1.3614 | 16 | 易燃液体、无色透明、易挥发 | 溶于水、甲醇、乙醚和氯仿 |
| 环己醇 cyclohexanol | 100.16 | 0.9624 | 25.2 | 161 | 1.465 | 67 | 无色晶体或液体、有樟脑气味 | 稍溶于水、溶于乙醇、乙醚、苯、二硫化碳和松节油 |
| 环己烯 cyclohexene | 82.14 | 0.8098 | -103.7 | 83.19 | 1.4465 | -20 | 无色液体 | 不溶于水、溶于乙醇、乙醚 |
| 乙醚 ethyl ether | 74.12 | 0.7135 | -116.2 | 34.5 | 1.3526 | -40 | 有特殊气味、易流动的无色透明液体 | 难溶于水、易溶于乙醇和氯仿、能溶解脂肪、脂肪酸和大多数树脂 |
| 丙酮 propanone | 58.08 | 0.7898 | -94.6 | 56.5 | 1.359 | -17 | 无色易挥发和易燃液体、有微香气味 | 能与水、乙醇、乙醚、氯仿等混溶、能溶解油脂肪、树脂和橡胶 |
| 正丁醚 n-butyl ether | 130.23 | 0.7694 | -98 | 142 | 1.3992 | 25 | 略有乙醚气味、无色透明液体 | 不溶于水、溶于许多有机溶剂 |
| 苯 benzene | 78.11 | 0.879 | 5.5 | 80.1 | 1.5011 | -11 | 易燃有毒液体、无色、易挥发、有芳香气味 | 不溶于水、溶于乙醇、乙醚等多有机溶剂 |
| 萘 naphthalene | 128.19 | 1.162 | 80.2 | 217.9 | 1.5898 | -78 | 光亮的片状晶体、有特殊气味 | 不溶于水、溶于乙醇和乙醚等 |
| 正丁醇 n-butanol | 74.12 | 0.8098 | -89.53 | 117.7 | 1.3993 | 35 | 有酒气味、无色液体 | 溶于水、能与乙醇、乙醚混溶 |
| 2-甲基-2-丁醇 2-methyl-2-butanol | 88.15 | 0.8059 | -8.4 | -8.4 | 1.4052 | 19.4 | 无色透明液体、有特殊气味 | 溶于水、能与乙醇和乙醚混溶 |
| 苯甲醇 benzyl alcohol | 108.14 | 1.04535 | -15.3 | 205.3 | 1.5392 | 93 | 无色液体、稍有芳香气味 | 稍溶于水、能与乙醇、乙醚、苯等混溶 |
| 四氢呋喃(THF) tetrahydrofuran | 72.11 | 0.8890 | -108 | 65~67 | 1.4070 | 17 | 无色易挥发液体、有类似乙醚的气味 | 可与水混溶、溶于乙醇、乙醚、丙酮、苯等多数有机溶剂 |

续表

| 化学名称 | 分子量 | 密度 $d_4^{20}$ /(kg/m³) | 熔点 /℃ | 沸点 /℃ | 折射率 $n_D^{20}$ | 闪点 /℃ | 性状 | 溶解性 |
|---|---|---|---|---|---|---|---|---|
| 吡啶<br>pyridine | 79.10 | 0.9780 | -41.6 | 115 | 1.5067 | 20 | 无色或微黄色液体,有恶臭 | 与水能以任何比例互溶,溶于水和醇、醚等有机溶剂 |
| 乙酰苯胺<br>N-phenylacetamide | 135.17 | 1.2105 | 114~116 | 305 | 1.5860 | 173.9 | 白色鳞片状晶体 | 溶解度:水 0.56(25℃),乙醇 36.9(20℃);微溶于乙醚、丙酮、苯,不溶于石油醚 |
| 乙酸酐<br>ethanoic anhydride | 102.09 | 1.0820 | -73 | 139 | 1.3904 | 49 | 无色液体,有刺激性气味和催泪作用 | 溶于乙醇,并在溶液中分解成乙酸乙酯,溶于乙醚、苯、氯仿 |
| 苯乙酮<br>acetophenone | 120.15 | 1.0281 | 19.7 | 202.3 | 1.5372 | 77 | 无色晶体或浅黄色油状液体,有特殊香味 | 微溶于水,易溶于许多有机溶剂 |
| 乙酸<br>acetic acid | 60.05 | 1.049 | 16.7 | 118 | 1.3718 | 39 | 无色澄清液体,有刺激气味 | 溶于水、乙醇、乙醚等 |
| 溴乙烷<br>bromoethane | 108.97 | 1.4612 | -119 | 38.4 | 1.4239 | -23 | 无色或微黄色透明液体,有似乙醚的气味 | 难溶于水,溶于多种有机溶剂 |
| 溴苯<br>bromobenzene | 157.02 | 1.4950 | -30.8 | 156.2 | 1.5597 | 51 | 无色流动性液体,有令人愉快的芳香气味 | 微溶于水,溶于乙醇、乙醚,与苯、氯仿和石油烃混溶 |
| 苯甲酸乙酯<br>ethyl benzoate | 150.18 | 1.0458 | -32.7 | 213 | 1.5205 | 89 | 无色液体,有芳香气味 | 微溶于热水,溶于乙醇和乙醚 |
| 二甲基亚砜(DMSO)<br>dimethyl sulfoxide | 78.13 | 1.100 | 18.45 | 189 | 1.4783 | 95 | 强吸湿性无色液体 | 溶于水、乙醇、丙酮、乙醚、苯和三氯甲烷 |
| N,N-二甲基甲酰胺(DMF)<br>N,N-dimethylformamide | 73.09 | 0.9487 | -61 | 153 | 1.4304 | 57 | 无色液体,有氨的气味 | 能与水和大多数有机溶剂混溶,能与许多无机液体混溶 |
| 环己酮<br>cyclohexanone | 98.14 | 0.9478 | -16.4 | 155.7 | 1.4507 | 46 | 有丙酮气味的无色油状液体 | 微溶于水,较易溶于乙醇和乙醚 |
| 硝基苯<br>nitrobenzene | 123.11 | 1.2037 | 5.7 | 210.9 | 1.5530 | 88 | 无色至淡黄色油状液体,有杏仁油的特殊气味 | 几乎不溶于水,与乙醇、乙醚或苯混溶 |

续表

| 化学名称 | 分子量 | 密度 d$_4^{20}$ /(kg/m³) | 熔点 /℃ | 沸点 /℃ | 折射率 n$_D^{20}$ | 闪点 /℃ | 性状 | 溶解性 |
|---|---|---|---|---|---|---|---|---|
| 苯胺 aminobenzene | 93.13 | 1.0216 | −6.2 | 184.4 | 1.5863 | 70 | 无色油状液体,有强烈气味,有毒 | 稍溶于水,与醇,乙醚,苯混溶 |
| 乙酸乙酯 ethyl acetate | 88.12 | 0.9005 | −83.6 | 77.1 | 1.3723 | −4 | 有果子香气的无色可燃性液体 | 微溶于水,溶于乙醇,氯仿,乙醚和苯等 |
| 乙醇钠 sodium ethylate | 68.06 | 0.868 | 91 | 260 | — | 8.9 | 白色或淡黄色吸湿性粉末 | 溶于无水乙醇,不溶于苯,甲苯,二甲苯,乙醚 |
| 乙酰乙酸乙酯 ethyl acetoacetate | 130.14 | 1.025 | −45～ −43 | 180 | 1.4194 | 84.4 | 有果子香味的无色或微黄色透明液体 | 溶于水,能与一般有机溶剂混溶 |
| 苯甲醛 benzaldehyde | 106.12 | 1.046 | −26 | 179 | 1.5463 | 73.9 | 无色液体,苦杏仁味 | 微溶于水,与乙醇,乙醚,苯和氯仿混溶 |
| 肉桂酸 cinnamic acid | 148.17 | 1.245 | 133 | 300 | — | >230 | 无色针状晶体 | 不溶于冷水,溶于热水,乙醇,乙醚,丙酮和冰醋酸 |
| 乙二醇 ethylene glycol | 62.07 | 1.1132 | −11.5 | 197.2 | 1.4306 | 111.1 | 有甜味的无色黏稠液体,无气味 | 能与水,乙醇,丙酮混溶,微溶于乙醚 |
| 环戊二烯 1,3-cyclopentadiene | 66.18 | 0.8021 | −85 | 41～42 | 1.4446 | 25 | 无色液体 | 不溶于水,溶于乙醇,苯,四氯化碳等有机溶剂 |
| 二茂铁 ferrocene | 186.03 | 2.69 | 173 | 249 | — | 100 | 橙色针状晶体 | 不溶于水,溶于乙醚,苯,甲醇等有机溶剂 |
| 8-羟基喹啉 8-hydroxyquinolie | 145.16 | 1.03 | 75～76 | 267 | — | 267 | 白色或淡黄色晶体 | 不溶于水,溶于乙醇和烯酸 |
| 水杨酸 salicylic acid | 138.12 | 1.443 | 159 | 211 | 1.565 | 157 | 白色针状晶体或粉末 | 微溶于冷水,易溶于乙醇,乙醚,氯仿和沸水 |
| 乙酰水杨酸 acetylsalicylic acid | 180.16 | 1.35 | 135～138 | — | — | 250 | 白色结晶性粉末,略带酸味 | 微溶于水,溶于乙醇,乙醚,氯仿,溶于碱溶液(如氢氧化钠,碳酸钠等) |

# 附录 E　实验室意外事故的预防与处理

**1. 火灾事故的预防和处理**

（1）预防火灾事故，必须注意以下几点：

① 实验室里不允许存放大量易燃物。

② 实验前应仔细检查仪器装置是否正确、稳妥和严密，操作要求正确、严格。

③ 常压操作时，切勿造成系统密闭，否则可能会发生爆炸事故。

④ 对于易发生自燃的物质及其沾有的滤纸，不能随意丢弃，否则易引起火灾。

⑤ 操作和处理易燃、易爆溶剂时，应远离火源。

⑥ 切勿把未熄灭的火柴梗乱丢。

⑦ 对沸点低于 80 ℃的液体，一般蒸馏时应采用水浴加热，不能直接用火加热。

⑧ 实验操作中，应防止有机物蒸气泄漏，更不要用敞口装置加热。

⑨ 除去溶剂的操作必须在通风橱里进行。

⑩ 对易爆炸固体的残渣，必须小心销毁（如用盐酸或硝酸分解金属炔化物等）。

（2）火灾事故的处理。

发生火灾时要有"三会"：会报火警，会使用消防设施扑救初起火灾，会自救逃生。

发生火灾不可惊慌失措，应保持镇静。首先，立即切断室内一切火源和电源，然后根据产生火灾的起因，采用以下方法正确地进行抢救和灭火：

① 可燃液体着火时，应立即拿开一切可燃物质，关闭通风器，防止扩大燃烧。

② 酒精及其他可溶于水的液体着火时，可用水灭火。

③ 汽油、乙醚、甲苯等有机溶剂着火时，应用石棉布或干沙扑灭。切忌用水，否则反而会扩大燃烧面积。

④ 金属钾、钠或锂着火时，用干沙或石墨粉扑灭。切忌用水、泡沫灭火器、二氧化碳、四氯化碳等灭火。

⑤ 电器设备导线等着火时，应先切断电源，再用二氧化碳或四氯化碳灭火器灭火。切忌用水及二氧化碳灭火器（泡沫灭火器），以免触电。

⑥ 衣服着火时，不能奔跑，应立即用石棉布或厚外衣盖熄，或迅速脱下衣服，火势较大时，应卧地打滚以扑灭火焰。

⑦ 烘箱有异味或冒烟时，应迅速切断电源，使其降温并准备好灭火器备用。千万不能急于打开烘箱门，以免突然供入空气助燃（爆）。

⑧ 较大的着火事故应尽可能保护现场安全，同时立即报警，若有伤势较重者，应立即送医院救治。

⑨ 熟悉实验室内灭火器材的位置和灭火器的使用方法。如手提式干粉灭火器，应先撕掉小铅块，拔出保险销，再用一手压下压把后提起灭火器；另一手握住喷嘴，将干粉射流喷向燃烧区火焰根部即可。

**2. 爆炸事故的预防与处理**

（1）在使用易爆炸化合物时应特别小心。如有机化合物中的过氧化物、芳香族多硝基化合物和硝酸酯、干燥的重氮盐、叠氮化物、重金属的炔化物等,均是易爆物品。含过氧化物的乙醚蒸馏时,有爆炸的危险,事先必须除去过氧化物;芳香族多硝基化合物不宜在烘箱内干燥;乙醇和浓硝酸混合在一起,会引起极强烈的爆炸。

(2)仪器装置不正确或操作错误,可能引起爆炸。例如:在常压下进行蒸馏或加热回流,仪器必须与大气相通;在蒸馏时,要注意不要将物料蒸干;在减压操作时,不能使用不耐外压的玻璃仪器(如平底烧瓶和锥形烧瓶等)。

(3)氢气、乙炔、环氧乙烷等气体与空气混合达到一定比例时,遇明火会爆炸,故使用上述物质时必须严禁明火;对于放热量很大的合成反应,要小心地缓慢滴加物料,并保持冷却。

**3. 中毒事故的预防与处理**

有毒化合物往往可能通过呼吸吸入、皮肤渗入或误食等方式导致中毒。应通过以下方法进行预防(①~④)和处理(⑤):

① 处理具有刺激性、恶臭和有毒的化学试剂时,如 $H_2S$、$NO_2$、$Cl_2$、$Br_2$、$CO$、$SO_2$、$SO_3$、$HCl$、$HF$、浓硝酸、发烟硫酸、浓盐酸、乙酰氯等,保持实验室通风良好,必须在通风橱中进行,切勿将头伸入橱内。

② 避免手直接接触化学试剂或剧毒品。沾在皮肤上的有机物,应立即用大量清水和肥皂洗去,切莫用有机溶剂洗,否则会增加试剂渗入皮肤的速度。

③ 溅落在桌面或地面的有机化合物应及时除去。如不慎损坏水银温度计,撒落在地上的水银应尽量收集起来,并用硫黄粉盖在撒落的地方。

④ 装有毒物质的器皿要贴标签注明,用后及时清洗,实验后的有毒残渣应按照实验室规定进行处理,切勿乱丢。

⑤ 操作有毒物质的实验中若感觉有咽喉灼痛、嘴唇脱色或发绀,胃部疼挛或恶心呕吐、心悸头晕等症状时,可能是中毒所致。根据中毒原因进行急救后,立即送医院治疗,不得延误。

(a)固体或液体毒物中毒:有毒物质尚在嘴里的应立即吐掉,用大量清水漱口;误食碱者,先饮大量清水再喝些牛奶;误食酸者,先喝水,再服 $Mg(OH)_2$ 乳剂,最后饮些牛奶;重金属盐中毒者,必须紧急就医。

(b)吸入气体或蒸气中毒者,应立即转移至室外,解开衣领和纽扣,呼吸新鲜空气。对休克者应施以人工呼吸,但不要用口对口法,并立即送医院急救。

**4. 实验室触电事故的预防与处理**

实验中常使用电炉、电热套、电动搅拌机等,使用电器时,应防止人体与电器导电部分直接接触,或与石棉网金属丝与电炉电阻丝接触;不能用湿手或手握湿的物体接触电插头;电热套内严禁滴入水等溶剂,以防止电器短路。

此外,为防止触电,装置和设备的金属外壳等应连接地线,实验后应先关仪器开关,再将连接电源的插头拔下。发生触电时,应立即关闭电源,用干木棍将导线与触电者分开,使触电者与地面分离;急救者必须做好防止触电的安全措施,手或脚必须绝缘;必要时应进行人工呼吸并送医院救治。

**5. 其他事故的急救处理**

① 割伤:轻伤时应及时挤出污血,并用消过毒的镊子取出玻璃碎片,用蒸馏水洗净伤口,涂上碘酒或紫药水,再用创可贴或绷带包扎;大伤口应立即用绷带扎紧伤口上部,使伤口停止

流血,急送医院就诊。

②烫伤:被火焰、蒸气、红热的玻璃、铁器等烫伤时,应立即将伤口处用大量水冲洗或浸泡,迅速降温以避免温度烧伤,可涂抹甘油、万花油,或者用蘸有酒精的棉花包扎伤处。若起水泡,不宜挑破,防止感染,应用纱布包扎后送医院治疗;若伤处皮肤呈棕色或黑色(三级灼伤),应用干燥而无菌的消毒纱布轻轻包扎好,急送医院治疗。

③皮肤被酸灼伤时,要立即用流水冲洗,彻底冲洗后可用 2% ~5% 的碳酸氢钠溶液或肥皂水进行中和,最后用水冲洗,涂上药品凡士林。注意:皮肤被浓硫酸沾污时,切忌先用水冲洗,以免硫酸水合时强烈放热而加重伤势,应先用干抹布吸去浓硫酸,再用清水冲洗。

④皮肤被碱液灼伤时,要立即用流水冲洗,再用 2% 的醋酸洗或 3% 的硼酸溶液进一步冲洗,水洗后再涂上凡士林。

⑤皮肤被酚灼伤时,立即用 30% 的酒精擦洗数遍,再用清水冲洗干净,而后用硫酸钠饱和溶液湿敷 4~6 h。注意:由于酚用水冲淡为 1:1 或 2:1 的浓度时,瞬间可使皮肤损伤加重而增加酚的吸收,故不可先用水冲洗污染面。以上受酸、碱或酚灼伤后,若创面起水泡,均不宜把水泡挑破,重伤者经初步处理后,急送医务室。

⑥溴灼伤和磷烧伤:溴灼伤一般不易愈合,故用溴时应预先配制好适量 20% 的硫代硫酸钠溶液备用,一旦被溴灼伤,应立即用乙醇或硫代硫酸钠溶液冲洗伤口,再用水冲洗干净,并敷以甘油;磷烧伤时,用 5% 的硫酸铜溶液、1% 的硝酸银溶液或 10% 的高锰酸钾溶液冲洗伤口,并用浸过硫酸铜溶液的绷带包扎。上述重伤者经初步处理后,应尽快送医治疗。

⑦当酸液溅入眼时,应立即用大量清水冲洗,再用 1% 的碳酸氢钠溶液冲洗。重伤者经初步处理后,立即送医治疗。

⑧当碱液溅入眼时,立即用大量清水冲洗,再用 1% 的硼酸溶液冲洗。洗眼时要保持眼皮张开,可由他人帮助翻开眼睑,持续冲洗 15 min。重伤者经初步处理后,立即送医治疗。

⑨当其他异物(如木屑、尘粒等)溅入眼时,可由他人帮助翻开眼睑,用消毒棉签轻轻取出异物,或任其流泪,待异物排出后再滴入几滴鱼肝油。若玻璃屑进入眼睛内,绝不可用手揉擦,也不能翻眼睑和转动眼球,可任其流泪,用纱布轻轻包住眼睛后,立即将伤者送医院紧急处理。

⑩水银容易通过呼吸道进入人体,也可经皮肤直接吸收而引起积累性中毒。若不慎中毒时,应送医院急救。

### 6. 实验室急救箱

医药箱内一般有下列急救药品和器具:

(1)医用酒精、碘酒、红药水、紫药水、止血粉、凡士林、烫伤油膏(或万花油)、1% 的硼酸溶液或 2% 的醋酸溶液、1% 的碳酸氢钠溶液等。

(2)医用镊子、剪刀、纱布、药棉、棉签、创可贴、绷带等。医药箱专供急救用,不允许随便挪动,平时不得动用其中器具。

# 附录 F　实验室"三废"的处理

　　在化学实验室中,会遇到各种有毒的废渣、废液和废气(简称"三废"),如不加以处理就随意排放,就会对周围的土壤、水源和空气造成污染。此外,"三废"中的有用成分,不加以回收,会造成经济损失,通过有效处理后,不仅能消除公害,而且能变废为宝、循环利用。因此,实验室"三废"的处理也是实验室日常工作的重要组成部分。

　　**1. 固体废弃物的处理**

　　(1) 钠钾屑、碱金属、碱土金属氧化物及氨化物等,在搅拌下慢慢滴加乙醇或异丙醇至不再放出氢气为止,再慢慢加水澄清后冲入下水道。

　　(2) 硼氢化钠(或硼氢化钾)用甲醇溶解后,用水充分稀释,再加酸并放置,此时有剧毒硼烷产生,所以应在通风橱内进行,其废液稀释后冲入下水道。

　　(3) 酰氯、酸酐、三氯化磷、五氯化磷、氯化亚砜等在搅拌下加入大量水后冲走。五氯化二磷加水,用碱中和后冲走。

　　(4) 沾有铁钴镍、铜催化剂的废纸、废塑料,变干后易燃,不能随便丢入废纸篓内,应趁未干时深埋于地下。

　　(5) 重金属及其难溶盐能回收的尽量回收,不能回收的集中起来深埋于远离水源的地下。

　　**2. 废液的处理**

　　(1) 废酸废碱液:将废酸(碱)液与废碱(酸)液中和至 $pH=6\sim8$ 后排放。

　　(2) 氰化物溶液:少量的含氰废液可加入硫酸亚铁使之转变为毒性较小的亚铁氰化物冲走,也可以用碱将废液调至 $pH>10$ 后,再用适量高锰酸钾将 $CN^-$ 氧化;大量的含氰废液则需将废液用碱调至 $pH>10$ 后,加入足量的次氯酸盐,充分搅拌,放置过夜,使 $CN^-$ 分解为 $CO_3^{2-}$ 和 $N_2(g)$ 后,再将溶液 pH 值调到 $6\sim8$ 后进行排放。

$$2CN^- +5ClO^- +2OH = 2CO_3^{2-} +N_2(g)+5Cl^- +H_2O$$

　　(3) 含砷废水的处理。

　　① 石灰法:将石灰投入到含砷废水中,使其生成难溶的砷酸盐和亚砷酸盐。如:

$$As_2O_3 +Ca(OH)_2 = Ca(AsO_2)_2(s)+H_2O$$
$$As_2O_5 +3Ca(OH)_2 = Ca_3(AsO_4)_2(s)+3H_2O$$

　　② 硫化法:用 $H_2S$ 或 NaHS 作为硫化剂,使之生成难溶硫化物沉淀,沉降分离后,调溶液 $pH=6\sim8$ 后排放。

　　③ 镁盐脱砷法:在含砷废水中加入足够的镁盐,调节镁砷比为 $8\sim12$,然后利用石灰或其他碱性物质将废水中和至弱碱性,控制 $pH=9.5\sim10.5$,利用新生成的氢氧化镁与砷化物的沉积和吸附作用,将废水中的砷除去。沉降后,将溶液 pH 调到 $6\sim8$ 后排放。

　　(4) 含汞废水的处理。

　　① 化学沉淀法:在含 $Hg^{2+}$ 的废液中通入 $H_2S$ 或加入 $Na_2S$,使 $Hg^{2+}$ 形成 HgS 沉淀。为防止形成 $HgS_2^{2-}$ 可加入少量 $FeSO_4$ 使过量 $S^{2-}$ 与 $Fe^{2+}$ 作用生成 FeS 沉淀。过滤后残渣可回收或深埋,将溶液调至 $pH=6\sim8$ 后排放。

　　② 还原法:利用镁粉、铝粉、铁粉、锌粉等还原性金属,将 $Hg^{2+}$、$Hg_2^{2+}$ 还原为单质 Hg(此

法并不十分理想)。

③ 离子交换法:利用阳离子交换树脂把 $Hg^{2+}$、$Hg_2^{2+}$ 交换于树脂上,然后再回收利用(此法较为理想,但成本较高)。

(5) 含铬废水的处理。

① 铁氧体法:在含 $Cr(VI)$ 的酸性溶液中加入硫酸亚铁,使 $Cr(VI)$ 还原为 $Cr(III)$,再用 NaOH 调 pH 值至 $6\sim8$,并通入适量空气,控制 $Cr(VI)$ 与 $FeSO_4$ 的比例,使生成难溶于水的组成类似于 $Fe_3O_4$(铁氧体)的氧化物(此氧化物有磁性),借助于磁铁或电磁铁可使其沉淀分离出来,达到排放标准($0.5$ mg/L)。

② 离子交换法:含铬废水中,除含有 $Cr(VI)$ 外,还含有多种阳离子。通常将废液在酸性条件下(pH $=2\sim3$)通过强酸性 H 型阳离子交换树脂,除去金属阳离子,再通过打孔弱碱性 OH 型阴离子交换树脂,除去 $SO_4^{2-}$ 等阴离子。流出液为中性,可作为纯水循环再用。阳离子树脂用盐酸再生,阴离子树脂用氢氧化钠再生,再生可回收铬酸钠。

**3. 废气的处理**

少量的毒害性较小的气体,可通过通风设备(通风橱或通风管道),经稀释后排至室外,通风管道应有一定高度,使排出的气体易被空气稀释,然后才排到室外;对毒害性较大的气体,如二氧化氮($NO_2$)、二氧化硫($SO_2$)、氯气($Cl_2$)、硫化氢($H_2S$)等酸性气体,可通过导管通入碱液吸收瓶,进行转化处理后稀释排放。

# 参 考 文 献

[1] 熊万明,郭冰之. 有机化学实验[M]. 北京:北京理工大学出版社,2017.

[2] 陆嫣,刘伟. 有机化学实验[M]. 成都:电子科技大学出版社,2017.

[3] 谢宗波,乐长高. 有机化学实验操作与设计[M]. 上海:华东理工大学出版社,2014.

[4] 浙江大学化学系,杜志强. 综合化学实验[M]. 北京:科学出版社,2018.

[5] 陈锋,王宏光. 有机化学实验[M]. 北京:冶金工业出版社,2013.

[6] 徐伟亮. 基础化学实验[M]. 2版. 北京:科学出版社,2017.

[7] 吴玉兰,陈正平. 有机化学实验[M]. 武汉:华中科技大学出版社,2012.

[8] 兰州大学,王清廉,李瀛,等. 有机化学实验[M]. 4版. 北京:高等教育出版社,2017.

[9] 郜英欣,白艳红. 有机化学实验[M]. 西安:西安交通大学出版社,2014.

[10] 陈虹锦. 实验化学(上册)[M]. 2版. 北京:科学出版社,2007.

[11] 辛剑,孟长功. 基础化学实验[M]. 北京:高等教育出版社,2004.

[12] 章鹏飞. 有机化学实验[M]. 杭州:浙江大学出版社,2013.

[13] 周科衍,高占先. 有机化学实验[M]. 3版. 北京:高等教育出版社,2004.

[14] 周听. 大学基础化学实验. 长春:吉林科学技术出版社,2005.

[15] 唐向阳,余莉萍,朱莉娜,等. 基础化学实验教程[M]. 4版. 北京:科学出版社,2015.

[16] 林宝风. 基础化学实验技术绿色化教程[M]. 北京:科学出版社,2003.

[17] 焦家俊. 有机化学实验[M]. 2版. 上海:上海交通大学出版社,2010.

[18] 南京大学大学化学实验教学组. 大学化学实验[M]. 北京:高等教育出版社,1999.

[19] 伍平凡,蔡定建. 有机化学实验[M]. 武汉:华中科技大学出版社,2018.

[20] 刘路,张俊良. 现代有机化学实验[M]. 上海:华东师范大学出版社,2019.

[21] Slowinski E J, Wolsey W C, Masterton W L. Chemical principles in the laboratory with qualitative analysis[M]. New York:Saunders College Publishing,1983.

[22] D. L. 帕维亚,G. M. 兰普曼,G. S. 小克里兹. 现代有机化学实验技术导论[M]. 丁新腾, 译. 北京:科学出版社,1985.

[23] Gilbert J C, Martin S F. Experimental organic chemistry:a miniscale and microscale approach[M]. 4th ed. Belmont, CA:Thomson Brooks/Cole,2006.

[24] Palleros D R. Experimental organic chemistry[M]. New York:Wiley,2000.

[25] Bell C E, Clark A K, Taber D F, et al. Organic chemistry laboratory:standard and microscale experiments[M]. 2nd ed. New York:Saunders College Publishing,1997.